客户世界管理—运营—技能基准系列

互联网
内容审核与信息安全管理

高 路 主编

清华大学出版社

北 京

内 容 简 介

本书提供了全面实施互联网内容审核与信息安全管理的方法，主要包括三部分内容。

第一部分：阐释什么是互联网内容审核与信息安全管理，为什么要进行互联网内容审核与信息安全管理；重点分析互联网内容的特性、风险、挑战及其社会价值，帮助读者理解互联网内容审核与信息安全管理的重要性。

第二部分：阐释怎样实施互联网内容审核与信息安全管理；介绍相关法律法规制度、评价考核原则；详细讨论了数据隐私保护与内部管理问题，以及相关的技术、工具和方法，并给出了实务操作案例。

第三部分：探讨和预见互联网内容审核与信息安全管理的未来，包括未来可能存在的挑战、互联网产业的发展趋势、需要应对的政策或技术发展，以及可能产生的社会影响和作用。

本书适合从事互联网内容审核与信息安全管理及对相关问题感兴趣的人员、企业管理者阅读，也可作为审核类项目管理人士的参考书。

图书在版编目(CIP)数据

互联网内容审核与信息安全管理 / 高路主编.

北京：清华大学出版社，2024.8 (2025.1重印). -- (客户世界管理

—运营—技能基准系列). -- ISBN 978-7-302-66739-1

Ⅰ. TP393.408

中国国家版本馆 CIP 数据核字第 2024AT5024 号

责任编辑：高　岫
封面设计：马筱琨
版式设计：思创景点
责任校对：马遥遥
责任印制：曹婉颖

出版发行：清华大学出版社

网　　　址：https://www.tup.com.cn，https://www.wqxuetang.com

地　　　址：北京清华大学学研大厦 A 座　　　　邮　　编：100084

社 总 机：010-83470000　　　　　　　　　　邮　　购：010-62786544

投稿与读者服务：010-62776969，c-service@tup.tsinghua.edu.cn

质 量 反 馈：010-62772015，zhiliang@tup.tsinghua.edu.cn

印 装 者：艺通印刷(天津)有限公司

经　　销：全国新华书店

开　　本：170mm×240mm　　　印　张：15　　　字　数：303 千字

版　　次：2024 年 8 月第 1 版　　　印　次：2025 年 1 月第 2 次印刷

定　　价：79.00 元

产品编号：106123-01

编委会

主　编　高　路

编写成员　张欣楠　曲学慧　刘文丽　陈　健

插　图　赵紫陌

主　审　赵　溪

序言一

    2023 年是全面贯彻党的二十大精神的开局之年。这一年，习近平总书记提出发展"新质生产力"，其作为推动高质量发展的内在要求和重要着力点，正以其独特的魅力引领着时代进步。而数字经济作为新质生产力的重要推动力，已在国家层面受到高度重视。从"十四五"规划到党的二十大报告，再到中央经济工作会议，均明确提出要加速推进数字经济的发展，并强调了数字经济与实体经济深度融合的重要性。

    高路女士已在信息服务领域深耕二十多年，在业务开拓与企业管理运作中积累了丰富的经验。凭借对行业的敏锐洞察力，其深刻感受到，随着当前人工智能、大数据、云计算等技术的不断进步，数字经济持续蓬勃的发展，各行各业正经历着前所未有的变革。当前的政治、经济大环境，各类信息的快速流通和数据的海量增长，不仅为各行各业带来了巨大的机遇，也对传播的信息及数据的合法性、真实性及安全性提出了更高的要求，网络安全问题与内容的审核越来越受到社会广泛关注。在这样的背景下，我们逐步认识到，维护一个健康、有序的数字网络环境，不仅是国家的责任、企业的责任，更是每一位公民共同的使命。数字网络环境的有效管理是一个系统性工程，从国家、企业到个人，需要在深入了解国内国际市场、政治环境的前提下，做全面的深度管理。管理的过程则需要大批量专业数字人才的参与，且伴随数字产业化和产业数字化的快速推进，数字人才的需求量将逐步加大。因此，放眼整个社会，只有培养大批量符合时代要求、适应行业发展的专业数字人才，才能更好促进数字经济的发展，丰富及强化国家战略资源。

    为加快培养具备全面数字市场经验和管理经验的专业化数字人才，提升整个信息服务行业的人才素质，更好地发挥国企在国家战略发展中排头兵的作用，高路女士组织了一批行业专家和管理实践专家，顺应当前数字内容安全管理服务需求，编写了这本旨在指导数字人才成长的专业图书。本书不仅全面介绍了互联网内容审核与信息安全管理的理论，还深入探讨了实施策略，并展示了具体的操作指南，可以帮助读者形成完整的行业知识体系；同时，以二维码的形式收录了相关的法律法规，增强了内容的实用性和权威性；除此之外，还关注了这一领域未来的发展变化，预见了自动化等技术趋势对行业的影响，并提出了应对策略，体现了一定的前瞻性和创新性。对于希望深入了解互联网内容审核和信息安全领域的从业人员、管理者或者政策制定者来说，本书是一本不可多得的参考书。此外，本书特别针对中国特有的国情进行了深入分析，为我国的企业和政府部门提供了符合国内法律法规和文化背景的操作建议和解决方案。

希望这本书，不仅能够为你和你的朋友提供系统性的互联网内容审核与信息安全管理相关的知识，也能帮助拓展全面性的数字时代下的管理思维，指引各位在实践中不断探索和创新，提升竞争力。

中信国安　沙玲

2024 年 5 月

序言二

随着我国数字化、网络化、智能化进程的加快，数字科技研发成果已初具规模，持续拓展、壮大和丰富了包括数字产业、数字商务、数字政务、数字化社会生活和社会治理、数据要素化流通交易，以及数字贸易、数据跨境流通、网络空间治理等领域万万千千个应用场景。数字中国建设取得的成效，是政府引导、科技驱动、企业发力、人民参与，以及国际合作多因素协同的结果。

纵观天下，数字经济在应对百年未遇之国际大变局和国内大转型中，显现出极强的生命力，并在对冲重大危机和风险方面发挥着独特的作用。从国际上看，地缘政治和军事环境严峻复杂且不确定性增强，国际科技和经济竞争格局重构及国际秩序规则重建已经破题。随着数字化技术的不断创新突破和数据要素市场化配置逐步成熟，其已成为解决许多矛盾和问题的主导力量，是决定现代物流、人流、技术流、信息流、资金流安全便捷流动的润滑剂，也是决定全球现代生产链、供应链和价值链的关键控制力，还是决定国际科技、军事、空间治理、国际关系的核心因素。同时，网络和数字经济安全的重要性也相应突出。

另一方面，数据资源作为其他要素资源溯源、确权、标注、传输的符号和载体，可以广泛、深入、全时空地融入全社会生产和再生产国际国内两大循环，以及触达政府治国理政和居民生活方方面面，这就使得数据资源在流通交易中必然会触碰到涉及国家秘密及国家安全、产业及投资贸易安全、商业机密、个人隐私等新的事关国家安全等的重大问题，同时涉及及时识别网络内容真伪并科学应对由此带来激化社会矛盾、损坏政府公信力、影响和干扰国际合作关系等重大问题。因此，如何处理好网络空间治理和数据要素开发利用安全，将成为我们所面临的前所未有的挑战。这也是世界性难题。

习近平总书记明确指出："打赢网络意识形态斗争，必须提高网络综合治理能力，形成党委领导、政府管理、企业履责、社会监督、网民自律等多主体参与，经济、法律、技术等多种手段相结合的综合治网格局。"抓紧抓实抓好网络与信息安全管理，涉及网络和信息化基础设施建设、网络运行运营安全、数据资源治理和数据资产管理、数据流通和交易安全可信、网络内容建设和管理、网络法治建设与执法能力建设、"数据要素×"效应的场景化实现、网络安全和信息化人才培养、国际网络空间治理合作等主要领域。

近年来，各主管部门和地方政府加强了组织领导，配套了政策措施，加大了工作落实力度，网络安全和信息安全保护状况有了较大的改善。在法治建设层面，陆续颁布实施《中华人民共和国网络安全法》《中华人民共和国数据安全法》《中华人民共和国个人信息保护法》等法律，相应建立健全了涉及数据安全与发展、个人信息保护等重要制度，制定发布 300 余项网络安全国家标准。在实际工作中，近几年深入开展"清朗""护苗""净网"等系列专项行动，集中整治网上各类违法和不良信息也已取得较好的成效。

我国网民高达十数亿，网络覆盖率高，网络承载业务触达千行百业和千家万户，网络上各类企业利用各类软件、算法、小程序、视频、AI 等，为消费者开发了诸如即时通信、线上会议、博客、公众号、短视频等网络内容服务场景或平台，这必然会对依法合规监测监管流媒体、自媒体和 AIGC 等网络内容服务提出更多的要求，并带来新的挑战。可以说，除了法规手段、政府监管、企业自律要进一步发挥重要作用，引导和加强网民自身行为和依法行为的有效管理更加重要。

随着人工智能、区块链、物联网、大数据、计算机网络等数字化技术广泛深度运用，以及数据要素流通交易及市场化配置的加快推进，国民经济和社会发展、国家治国理政、参与国际大循环及国际合作等领域都将快速、持续、大规模地涌现新业态、新模式，进而带来传统就业岗位及职业出现极大变化和调整。当然，新岗位和新职业也会应运而生。2022 年，中华人民共和国人力资源和社会保障部发布《中华人民共和国职业分类大典(2022 年版)》。新版大典首次标识了 97 个数字职业，占职业总数的 6%，认定了包括大数据工程技术人员、数字化管理师、全媒体运营师、互联网营销师、人工智能训练师等数字新职业。2024 年 4 月，人力资源和社会保障部、中共中央组织部、中央网信办、国家发展改革委、教育部、科技部、工业和信息化部、财政部、国家数据局九部门印发《加快数字人才培育支撑数字经济发展行动方案(2024—2026 年)》，标志着我国人才强国与网络强国、大数据等战略实施的协同配套工作将进入一个新的阶段。

中国信息协会数字经济专业委员会(Digital Economy Association of China)顺应数字经济发展大趋势，为助力缓解我国数字化人才十分欠缺的短板，发起了"中国数字人才培养工程"。自 2020 年开始，其与工业和信息化部教育与考试中心、客户世界机构、希莫标准(CC-CMM/DO-CMM)组织、国信数字经济产业研究院等业界机构和专家联手合作，陆续组织开展了一系列社会急需的数字人才岗位培训项目，并于 2024 年 3 月正式发布并成立专门的管理协调办公室，力图会同有关地区、有关龙头企业深入建设并大力发展"数字人才培养基地"，进一步利用现代化技术手段开展培训、辅导、考核等全链条的服务，扎实推进"人才培养工程"和"人才培养基地"建设。

从现实需求来看，互联网内容审核与信息安全管理人才专业能力要求高、需求量大，需要调动各类资源和力量开展专业培训工作。鸿联九五公司是中信国安的控股子公司,深耕服务企业综合信息服务领域 25 年,在互联网内容审核服务领域积累了丰富的实践经验,并积极参与中国信息协会数字经济专业委员会的工作,配合其发起推进的"人才培养工程"和"人才培养基地"工作。高路女士作为团队负责人,聚焦不同行业的内容审核服务需求,找规律、求规范、建标准,在这一领域逐步形成专业性权威和行业影响,组织编写了这本理论与实践相结合的内容安全管理专业书籍。

本书系统阐述了互联网内容审核与信息安全管理相关的理论知识,汇集了网络内容治理领域相关法律法规,总结了实际运营中的宝贵经验,分享了标杆企业过往成功的行业运营管理案例,适合从事互联网内容审核与信息安全管理及对相关问题感兴趣的人员、企业管理者阅读,也可作为审核类项目管理人士的参考书。

我本人在过往工作历程中,除长期从事网络安全和信息化及大数据、人工智能、数据要素开发利用等工作以外,也曾在主持国家发展和改革委员会人力资源开发和专业人才培训工作时,多次参与我国呼叫中心及客户管理领域的标准制订及基地建设工作,对这类书籍的出版颇感亲近和喜悦。受邀作序时,我虽工作忙碌,仍欣然写下这么长的一段话,是为序。

杜平

国家信息中心原党委书记、常务副主任

2024 年 5 月

前　言

　　我从 2011 年第一次走上中国信息协会组织的论坛，做了以"服务，不止于服务"为主题的分享，就开启了服务企业开放学习的道路。截至目前，我们的团队已经进行了近百次的论坛分享，"成为您的下一个价值部门""价值服务　点滴变化""分析共性与个性　催生最佳服务定制""不忘初心的路上"……从这些分享主题可以看出，我们对自己的定位是扎根运营精细管理。因此，我们给大家奉献了 121 流程管理体系、客户与客户的客户双满意的运营保障、员工全生命周期管理的智能管理体系、具备全业务链智慧管理座舱的鸿眼云管理系统等，向大家呈现了鸿联从点滴细节管理的精细化输出，到以标准化、流程化、体系化来支撑全国的规模化扩增，再到以智能开发投入带来运营技术革命的过程。鸿联的成长和飞跃有目共睹，但我觉得这还不够。

　　2023 年初，我们在过去三年多的互联网审核业务小试牛刀的基础上，迎来了更大规模更多业务线的合作，结合丰富的运营管理经验和扎实的运营结果交付能力，迅速从 0 到 1 实现高响应、高指标、高规模交付。同时，我们积极进行管理资源的调度部署，又进一步实现了第二个从 0 到 1，即从 1 个城市向 5 个城市同时发力，从一个合作伙伴向多个互联网审核合作伙伴发展，互联网审核业务整体交付规模在一年时间发展壮大，审核团队人员达 4000 多人。2023 年的 7 月初，公司的核心骨干在南宁召开半年度经营分析会，我参观学习了南宁基地新承接的一个审核项目，听完项目负责人的工作汇报，我开始沉思互联网内容审核这条路应如何顺利地走下去。我想将这段历程的思考、总结、细节分享给大家，这便是这本书的由来。

　　事实上，公司承接内容审核项目已长达 4 年，纵使业务规模都不大，行业、类型也比较分散，但也不至于每承接一个新项目都要重新摸爬滚打一遍啊，那么，经验沉淀和复刻的瓶颈又在哪里？回想起我们刚开始承接金融类服务外包呼叫中心业务的时候，运营管理者都是在运营商项目锤炼多年的成熟管理人，也有运营商体系下梳理、总结的管理流程，商务条款、业务规则及目标要求也清晰明了，为什么就是实现不了好的业绩和交付呢？为什么员工的爬坡还是达不到预期？为什么一变考核规则团队就陷入被动难以快速调整方向？沉思之后，我终于顿悟。不是团队不够努力，也不是团队不懂借鉴和沉淀，而是不同企业的内容审核业务在底层逻辑、发展阶段、关注重点和方向、投入产出规划等方面都截然不同，甚至没有一套行业标准指引企业做短期、中期、长期的规划及投入，以及制定符合管理要求、行业发展趋势的内容治理纲要。缺乏行业标准，就无法拉齐不同企业的发展目标、核心经营理念和管理逻辑，自然而然形成的局面就是自立山头，无法交融……

回顾中国呼叫中心行业的发展历程，我们可以看到运营标准的统一、经验的融合、规模的扩大及成本的控制等都得益于深度BPO①化的发展。传统呼叫中心在行业同仁的共同推动下，通过广泛的BPO融合，运营模式和管理流程变得非常完善、规范化和标准化，极大地提升了企业的运行效率，降低了运营风险，优化了行业竞争环境。然而，互联网内容审核作为行业的新生事物，更多地依赖于互联网巨头的自主运营，直到近几年才开始逐步向BPO模式转变。我们发现很多优秀的运营管理方法往往仅停留在某个项目或某个业务类型，并未得到普及应用。如何快速有效地复制互联网内容审核行业的运营管理经验？如何使行业同仁少走弯路，共同推进互联网内容审核BPO运营模式的普及？如何缩短行业的成熟周期，助力互联网内容审核行业实现大规模融合、统一和发展？这本书作为解决这些问题的尝试应运而生！

我们需要共同打造一个行业融合的平台，让大家可以充分了解行业，了解审核行业的运营管理方法，包括团队建设、运营指标提升、绩效激励等。同时，我们也需要分享运营管理方法、工具和策略，使行业同仁能够产生共鸣并获得灵感。本书以法律法规及政策环境等为背景，向读者详细介绍什么是互联网内容审核和信息安全管理，其中重点分析了互联网内容的特性、风险、挑战及其社会价值。为帮助读者更好地借鉴并应用互联网内容审核与信息安全管理的相关经验，本书从实施的角度分享了如何开展互联网内容审核与信息安全管理，包括具体技术、工具及方法，同时附上相关的具体实施案例。希望本书能为每位读者提供理论知识参考及实践参考，并使读者产生共鸣、获得灵感。

最后，我这个一直怀揣着出发时的那份初心和情怀孜孜不倦努力奔跑的行业老兵，更希望通过本书，把推动行业发展从口号转变为实际行动，打造一个真正能够赋能行业、缩短发展周期、推动标准化发展、助力中国BPO信息化数字化建设的平台，从而与更多的互联网内容审核行业的同仁们共思考、多分享，共同面对行业发展的挑战和机遇，共同助力中国BPO行业的新质生产力的快速发展！

高路

2024 年 5 月

---

① BPO，英文名称为 business process outsourcing，即业务流程外包，是指将本方业务流程中的部分或全部的非核心流程交由另一方操作。

目　　录

第 1 章

为什么要进行互联网内容审核与信息安全管理

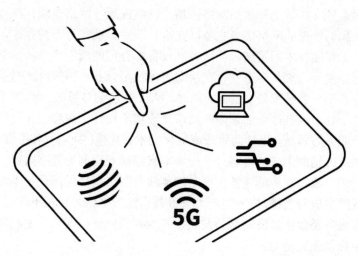

1.1 数字经济与网络信息相互促进

我们正逐步进入一个数字化、信息化的时代，5G、大数据、云计算、物联网等新一代信息技术快速发展，数字基础设施不断完善，信息生成、传播与交互变得更加快速、更加便捷，数字化互联网网络平台不断丰富。在这个时代，互联网已经成为人们生活中不可或缺的一部分，为人们提供便捷、高效、丰富多彩的生活方式，为社会经济的发展创造效益。

数字经济是在通信技术、网络技术及信息技术等发展下形成的继农业经济、工业经济之后的一种新的经济社会发展形态[①]。数字经济以数字信息为关键生产要素，以信息技术为核心驱动力，以现代信息网络为重要载体，一方面引领传统产业转型升级，不断提高数字化、网络化、智能化的水平；另一方面助推形成新的互联网产业，丰富信息形态，形成特有的互联网网络信息。

同时，网络信息是数字经济发展基础之一。数字经济基础包括通信和网络的基础设施、数字设备和软件、数据资源等。随着互联网应用的发展，网络信息在内容生态上更加丰富，以数字形式存在于各种交易、交流和服务中，是实现数字经济发展的重要支撑，主要包括网络购物、网络视频、网络娱乐、在线教育及媒体传播等。我们常见的网络信息主要以文本、图片、视频等形式存在。

随着人工智能技术的发展，任何智能设备都有可能成为信源或信息终端，信息的产生更加便捷，更具多态性，在横向上涉及多行业、国家经济的重要领域，在纵向上往各细分领域发展、延伸。同时，人工智能细分领域 AIGC[②]的发展，也极大地促进了数字内容产业的繁荣，其广泛应用于设计、内容创作、广告营销、游戏及企业服务等领域，以辅助生成或优化文本、音频、视频及各类服务策略等。这些自主生成或辅助生成的内容，进一步丰富当前互联网的数字内容。

综上所述，数字经济的蓬勃发展必然伴随着网络信息的涌现与丰富。随着网络信息的持续生成与传播，作为生产力关键要素的数字信息也在不断充实和拓展，进而深度推进各类数字经济的蓬勃发展，并为各类信息、通信技术、智能技术的新一轮升级提供强大动力。

---

① 资料来源：国务院印发的《"十四五"数字经济发展规划》。

② AIGC，英文全称为 artificial intelligence generated content，即生成式人工智能，指利用人工智能技术生成的内容。

1.2　全社会需要安全、健康、积极的网络环境

通信技术、智能技术等的快速发展，极大地推动数字经济的发展。根据中国信息通信研究院的测算，2022 年 5G 直接带动经济总产出 1.45 万亿元，直接带动经济增加值约 3929 亿元，分别比 2021 年增长 12% 和 31%。各类智能终端的广泛普及，推动着网络信息持续呈爆发式增长。截至 2023 年 6 月，我国网民规模达10.79 亿人[①]，国内市场上监测到的活跃 App 数量达 260 万款，三家基础电信企业发展蜂窝物联网终端用户 21.23 亿户。

在如此便捷的互联网链接下，我国网民人均每日上网时长高达 4.4 个小时，其中通过手机接入互联网的比例已经超过了 99%，使用网络平台查看新闻资讯、社交、休闲娱乐、购物学习等，已经成为亿万网民日常活动中不可或缺的重要组成部分。通过网络平台，各类思想、文化、信息也得以更广、更深入传播及共享。

1. 更安全的网络环境

数字经济的发展，促进越来越多的个人数据、商业秘密和银行账户详细信息等敏感数据通过互联网网络进行传输。例如：网上购物的消费者通过网络交互输出详细通信信息、地址、行为信息、信用卡信息等；企业间、企业内通过即时通信平台、交易平台等，传递客户数据、银行卡信息等。任何安全漏洞都可能导致这些重大信息泄露或被盗，个人或企业利益受损，影响互联网经济的正常、健康发展。

在网络技术发展的大环境下，大多数企业的运营高度依赖于计算机和互联网，因此任何网络攻击，例如恶意软件威胁、网络钓鱼、商业电子邮件攻击等，都有可能对企业网络运行环境造成毁灭性影响，如导致企业生产力下降，业务活动中断，使企业蒙受经济损失。

随着互联网经济的发展，各种传统违法犯罪也不断向网上延伸，更多新型互联网应用场景下的网络犯罪层出不穷，如网银升级诈骗、网络虚假信息诈骗、电信诈骗、AI 语音视频造假诈骗等，且呈现更加规模化、组织化、专业化的发展趋势。同时由于互联网犯罪中，存在虚拟身份犯罪的情形，所以还存在嫌疑人身份难识别、证据难调取、资金难追踪等痛点。

2017 年 6 月 1 日施行的《中华人民共和国网络安全法》(以下简称《网络安全法》)，首次正式明确了关键信息基础设施的概念，并提出了关键信息基础设施安全保护的原则要求。国务院于 2021 年 8 月 17 日正式发布《关键信息基础设施

---

① 资料来源：中国互联网络信息中心. 第 52 次中国互联网络发展状况统计报告[R/OL]. (2023-08-28). https://www.cnnic.cn/n4/2023/0828/c88-10829.html.

安全保护条例》，在条例中明确监管体制、认定标准、运营者的责任和义务等，从法律层面明确各级责任主体对关键信息基础设施实施的安全保护和监督管理。2023 年 5 月 1 日正式实施《信息安全技术 关键信息基础设施安全保护要求》(GB/T 39204-2022)，该国家标准从分析识别、安全防护、检测评估、监测预警、主动防御、事件处置 6 个方面提出了 111 条安全要求，为企业提供明确的管理标准指引，进一步完善我国关键信息基础设施安全保护标准体系。

因此，无论是在个人与个人之间、个人与企业之间、企业与企业之间的交互中，还是在企业自身的发展过程中，都需要在互联网络上高效、安全地传递大量的信息。这些信息的安全传递则需要得到保障。为了满足这一基本且关键的需求，国家层面也在积极致力于构建安全、健康的基础网络，从而为数字经济的持续、蓬勃发展提供坚实的保障。

2. 更健康、积极的网络环境

相比传统媒体，自媒体入行门槛低，无须投入巨大的经济、人力及物质资源。任何人只要拥有一台智能终端和畅通的网络，便可开展自媒体工作。随着新媒体新技术新应用平台的迭代升级，自媒体数量不断发展且持续增长，产生大量的个人知识产品、信息咨询产品、生活信息产品等，且通过文字、图片、音频及视频等进行传播。在互联网技术的发展下，各类信息的传递更加通达，人们的知识更加碎片化及多样化，人与人之间的实时互动、思想交流、经济交易等变得更加频繁，个人能动性、创造性及价值认可得到了前所未有的发展。

网络文化产品琳琅满目、精彩纷呈，极大丰富了网民的精神文化生活，优秀的网络作品接地气、树正气，丰富着人们的生活，滋养着人们的心灵，也彰显着时代的特性。与此同时，网络文化产品水平参差不齐、鱼龙混杂，其中包含的个人主义、拜金主义、消费主义、享乐主义等，或内容上包含的大量错误信息、低俗信息、虚假信息等，会对社会思潮、舆论走向，以及社会价值观的传播产生较大的影响。

随着全球化的发展，互联网的联通，我国有了更加便捷的对外交流的渠道，也有了让世界了解中国的窗口。打造更加安全、健康的网络空间，一方面可以确保国家安全，从政治、经济、军事、科技、文化、教育、信息、资源、人才、生态等多个方面增强国家抵御全球风险的能力，保证我国在积极参与全球治理过程中的独立自主性；另一方面也向其他国家展示中国最真实的发展现状，构建的新发展格局等推进行业国际交流与合作，促进国内国际经济的发展。

综上所述，为了更好地传播个人知识产品和信息，做好网络文化产品质量管控，引导正确的社会价值观，在全球化背景下展示中国积极形象、促进健康安全的国际交流合作，必须建立更安全、健康和积极的网络环境，以推动数字经济的高质量发展。

1.3　数字内容快速发展亟待管理

1. 产业数字化发展加快数字内容发展与管理

随着互联网、云计算、大数据、人工智能等技术的飞速发展，中国的传统产业也正面临着巨大的变革和挑战，产业数字化已然成为推动经济增长和转型升级的重要手段。数字化进程中，各行业或领域对数字内容的产生、传播及应用有着相应的管理要求，具体如下。

(1) 政府机关：需要利用互联网的便捷性及公开性，发布一系列政策法规、文件公告、政策解读等信息；需要保证网传内容的准确性和专业性，以树立政府对外的权威性和公信力。

(2) 企业：需要利用互联网的开放性传递信息，秉持合法合规的原则，确保所发布的内容严格遵守国家法律法规，以维护企业和用户的合法权益；并通过传递正面、积极的信息内容，树立良好的企业形象，增强公众对其品牌的信任度和认可度。

(3) 新闻媒体：需要利用互联网的快速传播及广泛覆盖，及时报道新闻事件；在报道过程中，需要确保各种新闻内容被及时、准确、客观、公正地描述，以正确地、有效地进行公众舆论引导，预防产生规模化的社会性事件，并积极引导社会价值观往正面和有益的方向发展。

(4) 金融行业：需要利用互联网数字化，有效地拓展金融产品的市场覆盖范围，广泛地服务各类群体；通过数字化金融服务更加精准地满足客户需求，提升客户体验，从而降低服务成本，提高服务效率，使其在激烈的市场竞争中保持领先地位。对于金融行业的数字内容，需要做到安全与准确，以有效保障各类用户的合法权益及数字社会经济的稳定。

(5) 互联网平台：随着互联网的发展，社交平台、电商平台和内容平台等新兴业态不断涌现，推动了人们社会活动、个人知识获取及消费习惯的深刻变革。人们热衷于在网络上交友及沟通，寻找知识与信息，获取优惠和产品，并进行网络经济交易，享受网络消费带来的前所未有的便捷。随着这些平台之间的服务不断交叠，互联网内容呈现爆炸式增长，内容的质量管理和平台的服务安全问题日益凸显。例如：2023 年 6 月，福州公安机关发现，以崔某珊、傅某等为首的犯罪团伙招募大量成员，发送带有"木马"的电子邮件、图片、链接和程序，对企业、个体工商户的计算机信息系统"投毒"，非法获取大量的公司和个人数据，向境外诈骗团伙提供精准目标。[①]

---

① 资料来源：张铁国. 福州破获一起非法控制计算机信息系统案[EB/OL]. (2023-09-16). https://news.fznews.com.cn/fzxw/20230916/8j9tB66711.shtml.

由于上述类似互联网信息内容安全事件的频发，各大平台必须将确保内容安全作为平台建设的首要任务。平台必须提供真实、合法、合规的信息，只有这样，才能促进建立更加健康的社会诚信环境及健康的人文交互环境，使平台经济价值迅速增值。同时，随着人们对消费数字内容的核心需求不断升级，互联网内容将朝着更加优质、深度体验、更具创意、更加合法合规的方向发展。这种市场需求的变化将反过来进一步推动互联网内容产业的优化和升级。

综上所述，在各行各业进行数字化转型过程中，需要依据相应的法律法规、社会公德，参考社会约定俗成的规则、行业的管理要求等，建立健全的数字内容审核机制，对所产生的规模化的数字内容进行严格的审核和筛选。

2. 数字产业化促进数字内容发展与管理

数字产业化是指培育人工智能、大数据、区块链等新兴数字产业，并提升通信设备、核心电子元器件、关键软件等产业水平。而这些产业均提供各种数字化产品和服务，创造出新的商业模式和商机，以促进产业数字化更好的发展。例如，随着 AIGC 相关技术的发展，文本、音频、图片等内容的创作速度得到了显著提升。内容的丰富，将极大增加产业数字化内容的呈现形式。在媒体领域，AIGC 技术使得新闻报道和内容创作变得更加高效和多样化。在广告领域，利用 AIGC 技术生成图片和视频，可以更精准地满足消费者的需求等。数字产业化的发展，不仅推动了产业的创新和变革，也提高了数字内容的产生效率及数字内容的体量。

综上所述，在当前"产业数字化，数字产业化"的发展背景下，数字内容丰富且多样化，为确保内容的质量和交互的安全性，有效的内容过滤及审核手段变得至关重要，继而催生各行各业对数字信息内容审核的迫切需求。

1.4 数字内容治理是国之责任

在与世界上多国全方位、多领域、深层次的科技和产业合作中，中国企业在数据基础设施建设、数据技术与场景创新、数据经济治理体系的实践中，不断强化数字经济发展的能力，为全球数字经济发展和网络空间治理贡献中国力量。

1. 网络内容生态治理是中国互联网发展的必然结果

第 52 次《中国互联网络发展状况统计报告》[①]显示，国内无论是互联网网站、App 数量，还是互联网用户的规模，均呈现上涨的趋势。

(1) 截至 2023 年 6 月，我国网民规模达 10.79 亿人，互联网普及率达 76.4%，

---

① 资料来源：中国互联网络信息中心. 第 52 次中国互联网络发展状况统计报告[R/OL]. (2023-08-28). https://www.cnnic.cn/n4/2023/0828/c88-10829.html.

呈现逐年增长的趋势。

(2) 截至 2023 年 6 月，我国国内市场上监测到活跃的 App 数量为 260 万款(包括安卓和苹果应用商店)。安卓应用商店在架应用累计下载量 696 亿次。

(3) 截至 2023 年 6 月，我国各类互联网应用持续发展，一是即时通信、网络视频、短视频的用户规模稳居前三，分别为 10.47 亿人、10.44 亿人和 10.26 亿人；二是网约车、在线旅行预订、网络文学等用户规模实现较快增长，分别增长超 3000 万人。①

基于中国互联网的发展趋势，为营造良好网络生态，保障公民、法人和其他组织的合法权益，2019 年 12 月 15 日，国家网信办正式颁布《网络信息内容生态治理规定》，较为系统地规定了网络信息内容生态治理的根本宗旨、责任主体、治理对象、基本目标、行为规范和法律责任等，为依法治网、依法办网、依法上网提供了明确可操作的制度遵循。其对内容发布者、内容服务平台、内容使用者及网络行业组织提出在各自主体责任下对互联网内容生成及内容传播与管理方面的具体要求。

如下为规定中所描述的鼓励与需抵制的发布内容。

第二章第五条　鼓励网络信息内容生产者制作、复制、发布含有下列内容的信息：

(一) 宣传习近平新时代中国特色社会主义思想，全面准确生动解读中国特色社会主义道路、理论、制度、文化的；

(二) 宣传党的理论和路线方针政策和中央重大决策部署的；

(三) 展示经济社会发展亮点，反映人民群众伟大奋斗和火热生活的；

(四) 弘扬社会主义核心价值观，宣传优秀道德文化和时代精神，充分展现中华民族昂扬向上精神风貌的；

(五) 有效回应社会关切，解疑释惑，析事明理，有助于引导群众形成共识的；

(六) 有助于提高中华文化国际影响力，向世界展现真实立体全面的中国的；

(七) 其他讲品位讲格调讲责任、讴歌真善美、促进团结稳定等的内容。

第二章第六条　网络信息内容生产者不得制作、复制、发布含有下列内容的违法信息：

(一) 反对宪法所确定的基本原则的；

(二) 危害国家安全，泄露国家秘密，颠覆国家政权，破坏国家统一的；

(三) 损害国家荣誉和利益的；

(四) 歪曲、丑化、亵渎、否定英雄烈士事迹和精神，以侮辱、诽谤或者其他

---

① 资料来源：国家互联网信息办公室. 数字中国发展报告(2022 年)[R/OL]. (2023-05-23). http://www.cac.gov.cn/2023-05/22/c_1686402318492248.htm?eqid=e964285800089bd400000004646d59f6.

方式侵害英雄烈士的姓名、肖像、名誉、荣誉的；

（五）宣扬恐怖主义、极端主义或者煽动实施恐怖活动、极端主义活动的；

（六）煽动民族仇恨、民族歧视，破坏民族团结的；

（七）破坏国家宗教政策，宣扬邪教和封建迷信的；

（八）散布谣言，扰乱经济秩序和社会秩序的；

（九）散布淫秽、色情、赌博、暴力、凶杀、恐怖或者教唆犯罪的；

（十）侮辱或者诽谤他人，侵害他人名誉、隐私和其他合法权益的；

（十一）法律、行政法规禁止的其他内容。

第二章第七条　网络信息内容生产者应当采取措施，防范和抵制制作、复制、发布含有下列内容的不良信息：

（一）使用夸张标题，内容与标题严重不符的；

（二）炒作绯闻、丑闻、劣迹等的；

（三）不当评述自然灾害、重大事故等灾难的；

（四）带有性暗示、性挑逗等易使人产生性联想的；

（五）展现血腥、惊悚、残忍等致人身心不适的；

（六）煽动人群歧视、地域歧视等的；

（七）宣扬低俗、庸俗、媚俗内容的；

（八）可能引发未成年人模仿不安全行为和违反社会公德行为、诱导未成年人不良嗜好等的；

（九）其他对网络生态造成不良影响的内容。

面对逐年增长的互联网用户数量，海量的互联网数据内容，为保持社会稳定及国家安全，国家坚定网络信息治理的决心和方向。比如，由国家网信办于2022年开展13项"清朗"专项行动，累计清理违法和不良信息5430余万条，并于2023年持续开展"清朗"系列专项行动。

2. 中国在国际经济中的位置决定

2022年，中国数字经济规模总量已稳居世界第二，中国数据产量达到8.1ZB，位居世界第二；数据储存量达724.5EB，占全球数据总储存量的14.4%[①]。中国成为全球互联网数字内容的生产及使用大国。

中国积极参与联合国、世界贸易组织、二十国集团、亚太经合组织、金砖国家、上合组织等多边框架下的数字领域合作平台，高质量搭建数字领域开放合作新平台，积极参与数据跨境流动等相关国际规则构建。中国提出促进数字时代互联互通倡议，支持加强数字经济国际合作，已申请加入《数字经济伙伴关系协定》，

---

① 资料来源：中国互联网协会. 中国互联网发展报告2023[M]. 北京：电子工业出版社，2023.

同各方合力推动数字经济健康有序发展。同时，"丝路电商"国际合作不断深化，截至 2024 年 5 月 21 日，建立双边电子商务合作机制的伙伴国已增加到 31 个。依托数字技术，我国的跨境电商贸易伙伴遍布全球，"朋友圈"越来越广。

随着中国对外的开放度越来越大，必然产生范围更广、更大规模的数据内容，所面临的网络经济环境也更加复杂。作为经济大国，中国有责任基于中国数字经济发展实践，持续推进国际数字生态建设，营造清朗网络空间，防范网络安全风险。

因此，面对国内的数字经济快速发展及国际数字经济的新发展机遇，互联网内容的治理是社会经济发展的必然需求。互联网数字内容治理将成为人民安居乐业、社会安定有序、国家经济发展的有力支撑。

1.5　互联网内容审核是内容治理的核心

互联网内容治理的核心，在于对内容的审核与筛选。内容审核的目的，在于确保互联网内容的合法、合规、合理，防止不良信息的传播带来的影响。因此，需要相关管理主体依据国家和行业相关法律法规、自律公约等对内容进行严格审核把关，识别过滤掉包含在文字、图片、音频、视频中的不合法、不合规、不符合社会价值观等的内容。

当前除国家层面进行互联网内容治理外，各企业、平台及相关机构均基于合法、合规的管理，开展相应的内容治理活动，并定期发布治理报告。

(1) 2023 年 12 月，百度百家号发布《2023 年百度内容生态治理报告》，展示百度对内容违规行为始终秉持"零容忍"的态度，积极履行社会责任，在内容治理方面取得的成绩，例如：2023 年总封禁 91 万个作弊违规账号，有效阻断互联网的恶意营销、虚假注册、搬运抄袭、色情低俗等信息。

(2) 2023 年 12 月，支付宝联合国家市场监管总局发布《2023 年数字平台经营环境报告》，呈现支付宝在内容安全、恶意营销行为及知识产权等方面的积极治理工作和相应成效，拦截 4.3 亿条不良信息的发布。

(3) 2023 年 12 月，今日头条发布《2023 年度平台治理报告》，通报平台在网络不实信息、网络诈骗、网络暴力等问题方面的多项治理举措。通过内容审核，一年处理不实信息 109 万条，拦截涉嫌诈骗内容 167 万条，识别不友善评论信息 2.4 亿条。

这些企业在网络信息内容管理方面的努力，一方面需要先进的技术支持，另一方面需要相关制度的保障。同时，智能技术和人工审核的结合也是确保内容审核质量的关键，这种结合方式可以更全面地识别和过滤掉不良内容，为用户提供一个更加健康、安全的网络环境。

1.6　互联网内容审核与信息安全管理业务的市场需求

源于互联网平台和用户之间对安全、合规及良好用户体验的共同需求，互联网内容审核有着广泛的市场需求及业务机会。

1. 市场需求

随着互联网用户数的增加和用户生成内容(UGC)的爆炸式增长，内容审核已成为网络平台运营不可或缺的一部分。内容审核的市场需求体现在：

(1) 遵守法规：全球各国都有一定的网络内容管理法律法规。中国有《网络安全法》和《网络信息内容生态治理规定》等法律法规，这是内容审核市场需求的直接驱动力。

(2) 平台责任：随着我国法治建设的推进，在互联网用户所传播的内容可能涉及诽谤、侵权、暴力和恐怖主义内容等问题时，平台有责任予以检查、排除，这将推动互联网平台企业增强内容审核的力度。

(3) 品牌维护：为了保护品牌形象，生产商业化平台和广告商需要确保它们的产品广告不会出现在包含有害内容的环境中，这需要做好内容审核，以塑造积极、健康的品牌形象。

(4) 用户体验：为了吸引和留住用户，互联网平台需要提供一个干净、友好的环境，减少用户遇到不良信息的可能性，提高用户满意度和黏性。

(5) 社会责任：抑制网络欺凌、种族歧视、性别歧视、谣言传播等社会问题，净化网络环境，是所有企业的社会责任。

2. 业务机会

作为互联网行业不可绕过的一环，互联网内容审核在确保网络环境安全与法规遵守的同时，也带来了广泛的业务机会，具体如下。

(1) 技术发展：包括人工智能、机器学习、自然语言处理(NLP)等技术的进步为内容审核提供了强大的支持工具，使得监测、审查和响应更加高效和准确。

(2) 第三方服务：内容审核工作的复杂性和重要性增强，为专门从事内容审核的公司提供了业务机会，预计更多的第三方内容审核服务机构将应运而生。

(3) 咨询服务：随着内容审核要求的提高，企业对内容管理的咨询需求将增加，咨询公司可以提供合规性咨询、风险评估和策略规划等服务。

(4) 用户参与：开发更加智能的举报和反馈系统，让用户协助内容的审核。

(5) 国际市场：中国企业在内容审核领域积累的经验和技术也能够应用到其他国家和地区，为中国企业提供开展国际业务的机会。

(6) 数据分析：内容审核过程中产生的大量数据可以用于分析和理解用户行

为、潜在风险及市场动向。

(7) 新兴平台和应用：随着互联网技术的发展，新的社交媒体平台、即时通信工具和虚拟/增强现实(VR/AR)应用不断涌现，这些新兴平台和应用不断扩大对内容审核服务的需求。

第 2 章

什么是互联网内容审核与
信息安全管理

2023 年 11 月 8 日发布的《中国互联网发展报告 2023》对近一年全球 52 个国家和地区的互联网发展情况进行了评估，中国发展排名第二，仅次于美国。正确及全方位地识别与认知互联网，有利于进行互联网内容的管理，营造清朗的网络空间，维护社会稳定及国家安全。

2.1　互联网内容的类型与特点

2.1.1　互联网内容的类型

互联网内容，包括社交媒体帖子、博客文章、新闻报道、在线视频及电子商务平台上的内容，已成为我们日常生活中不可或缺的一部分。它不仅丰富了我们的信息来源和娱乐方式，还简化了购物和学习流程。互联网内容可按载体或形式及目的进行划分。互联网内容的类型和特点是多元化和复杂的，可以从以下几个角度来分析。

1. 按载体分类

(1) 文字内容类：包括文章、博客、新闻、论坛帖子等。若文字内容未进行审核与管理，容易造成知识侵权或虚假信息传递等。文字内容类的主要特点具体如下。

- 高密度信息：文字可以包含大量信息。
- 易于搜索：文本数据容易被搜索引擎索引和检索。
- 简单传播：可以快速复制和跨平台分享，便于阅读和搜索。
- 互动性：用户可通过评论、转发等形式互动。

(2) 图片和图形内容：包括照片、插图、图表、漫画等。随着当前数字图像技术的发展，图像整合及生成更加容易，可能造成传递信息的虚假性或片面性。图片和图形内容的主要特点具体如下。

- 直观性：图像可以直接传达视觉信息，若未经著作权人许可转发或使用图片，或经改编等方式后使用他人作品，则将涉及图片侵权。
- 兼容性：适用于各种设备和平台。
- 文化差异性：在不同的文化背景下，对文化的理解可能存在差异。

(3) 视频内容：包括短视频、电影、纪录片等。由于视频内容时间不受限制，且与其他形式(如音频、图片及文字等)信息内容结合，因此可较为灵活地进行创作与加工，并带来更佳的视觉效果。视频内容的主要特点具体如下。

- 富媒体：结合音频、视觉和文本信息，提供丰富的用户体验。
- 带宽需求：相较于其他媒体类型，视频内容对网络带宽的要求更高。

● 制作复杂性：高质量的视频内容制作需要更多的资源与技术。

(4) 音频内容：包括音乐、有声读物、广播节目及专业知识讲座等。由于当前人们生活节奏快、闲暇时间较少，因此使用各种收听场景，利用碎片化时间，便捷获得个性化的音频内容已成为日渐增长的大众需求。音频内容的主要特点具体如下。

● 纯听觉体验：用户无须视觉参与，即可消费内容。

● 方便性：用户在进行其他活动(如开车、锻炼等)时可以收听。

(5) 交互式内容：涉及网络游戏、在线教育平台、虚拟现实(VR)及增强现实(AR)应用、交互式网站(如在线配置工具)及其他互动媒介，如社交媒体的投票和问答功能等。现代人追求高效和互动性，互动式内容应对这一需求提供了极好的解决方案。柔性学习时间、选择感兴趣的内容领域，以及按需访问日常任务(如健身课、烹饪教程或语言学习课程等)，都是交互式内容应用的实例。此外，随着硬件技术的进步，像 VR 和 AR 这样的新型互动平台让用户获得了前所未有的沉浸式体验。社交媒体的投票、调查或实时问答等互动性功能也充分调动用户的参与性，使得内容的创作与传播更具交互性和社区导向，有助于增强品牌与用户之间的联系。

交互式内容的主要特点具体如下。

● 用户参与度高：用户可以直接参与其中，影响内容演变。

● 动态性：根据用户的选择和行为调整内容。

● 沉浸感：例如虚拟现实(VR)和增强现实(AR)内容为用户提供沉浸式体验。

2. 按形式及目的分类

(1) 信息类内容：包括新闻、报告、百科全书、参考资料等，以提供信息、传递知识为主要目的。信息类内容的主要特点具体如下。

● 教育意图：旨在提供知识、数据或事实。

● 专业性：往往涉及某一领域的专业知识或行业信息。

● 精确性：信息准确无误，来源可靠。

(2) 社交媒体内容：包括微博、社交网络、即时通信工具等。部分企业利用社交媒体内容传播快、覆盖广及便捷性的特点进行线上营销，进一步促进数据内容的产生及传播。

社交媒体内容的主要特点具体如下。

● 交互性：注重用户之间的互动和交流。

● 实时性：内容更新快速，反映即时状态。

● 多元性：涉及生活点滴、情感交流、兴趣分享等。

(3) 电子商务内容：包括在线购物、商家网站、电子支付等。线上消费越来越普及，从而进一步促进电子商务的发展，互联网电子商务的内容越来越丰富。

中国商务部发布的《中国电子商务报告(2022)》中显示，2022 年，全国电子商务交易额达 43.83 万亿元，按可比口径计算，比 2021 年增长 3.5%，其中网络零售业逐步从城市向农村发展，跨境电子商务进出口规模同比增长 9.8%。

电子商务内容的主要特点具体如下。

- 功能性：帮助用户完成商品或服务的购买。
- 描述性：详细描述产品特性、价格和购买方式。
- 便利性：方便用户快速下单和支付。

(4) 游戏和娱乐内容：包括在线游戏、电子竞技、音乐及电影等。劣质的娱乐内容会对人们的健康和社交生活产生一定的影响，但健康的、有内涵的娱乐内容却能有效地丰富人们的生活。《2023 年微信用户数据报告》指出，2023 年"双节"期间，微信视频号视频总发布量对比 2022 年国庆假期增长约 35%，直播开播次数同比增长超 51%，内容包括为祖国庆生、杭州亚运会、花式长假、乡村旅游、迷笛音乐节等。游戏和娱乐内容的主要特点具体如下。

- 娱乐性强：能够给人们带来欢乐，让人放松。
- 创作自由度高：鼓励原创和个性表达。
- 观赏性高：形式多样，如视频、音乐、游戏等形式，富有观赏性。

(5) 学习教育类内容：包括在线学习平台、教育资源、教学视频等。互联网学习教育类内容主要以提供学习和教育服务为目的，其内容的质量和版权安全性，直接关系社会关系的稳定，健康知识环境的维护，以及知识的创新和对创造的保护。

学习教育类内容的主要特点具体如下。

- 可访问性：不受地理位置的限制，用户可以在全球任何有互联网连接的地方访问教育内容。
- 灵活性：在线学习允许用户根据自己的时间表安排学习，因此能够满足不同的生活和工作安排。
- 多样性：学习教育类内容覆盖广泛的主题和科目，无论是传统学术领域、职业技能培训，还是个人兴趣爱好学习，都可以在网络上找到丰富的资源。
- 个性化：许多在线教育平台提供个性化的学习路径，利用算法推荐适合学习者水平和兴趣的课程内容，甚至能够适应学习者的进度和表现。
- 互动性和参与度：现代教育技术通常包括互动的元素，如实时讨论、互动式练习、模拟评估等，增强学习的参与感。
- 多媒体体验：学习内容常结合文字、图像、视频、音频和动画，使得学习体验更为丰富和有吸引力。

(6) 创意艺术类内容：包括摄影、设计作品、创意视频、艺术品等，用于展示和推广个人或团体的艺术创作，是社会进步在精神层面发展的产物，其质量和内涵必将对人们精神层面产生一定的影响。中国创意艺术与文化的发展已经呈现新数字时代特征，文化和旅游部 2021 年发布的《"十四五"文化产业发展规划》指出，顺应数字产业化和产业数字化发展趋势，落实文化产业数字化战略，促进文化产业"上云用数赋智"，推进线上线下融合，推动文化产业全面转型升级，培育各类新型文化业态，扩大优质文化产品供给。创意艺术类内容的主要特点具体如下。

《"十四五"文化
产业发展规划》

- 表现力：艺术类内容通常富有表现力，能够通过各种媒介传达情感、理念、故事或个人见解。
- 创造性：创意艺术侧重于原创思维和独特的创造过程，它鼓励艺术家或创作者推陈出新，通过创意将内心世界与外部现实连接。
- 多样性：艺术类内容极具多样性，它们可以是传统的，如绘画、雕塑、戏剧和古典音乐等，也可以是现代的，如数字艺术、实验音乐、流行文化作品等。
- 文化性：艺术反映了其所处的文化背景，包含与民族、地理、历史和社会相关的元素，是文化遗产的重要组成部分。
- 情感共鸣：创意艺术类内容能够触动人们的情感，与观众产生共鸣，这种共鸣可以激发灵感、引起共情或唤起共同的回忆。
- 沟通与交流：艺术提供了跨越语言和文化鸿沟的沟通方式。艺术家通过他们的作品与观众沟通，甚至在全世界范围内引发对话和思考。
- 开放性：艺术作品往往具有多重解读，它允许观众自由地解释和感受，而不强加一个固定的意义或者感受方式。
- 与社会和政治关联：艺术常常被用来评论或反映社会和政治问题，这使得艺术作品成为向公众传达更深层次信息的工具。

(7) 健康和生活类内容：包括健康资讯、生活方式、烹饪食谱等，旨在提供与健康、生活相关的信息和指导。若传递非科学信息指引，可能带来对他人身体或生活上的不良影响。

健康和生活类内容的主要特点具体如下。

- 实用性：健康和生活类内容侧重于提供实用信息和建议，帮助人们改善生活质量，保持或改善健康状况。
- 专业性：为了确保信息的准确性和可靠性，此类内容往往需要由拥有相关专业背景的人员(如医生、营养师、专业健身教练等)创建或审核。
- 有科学依据：健康和生活信息应基于科学研究和证据，包括最新的医学发现、营养学指导及经过验证的生活建议。
- 知识普及：这些内容常常旨在帮助大众了解与健康相关的基础知识，引发人们对自身健康和生活习惯的重视。
- 预防导向：健康和生活内容常强调疾病预防，提倡健康的生活方式和行为。
- 可访问性：为了帮助更广泛的受众，此类内容需要用易于理解的方式呈现，避免使用过于复杂或专业的术语。

- 个体化：健康和生活类内容经常强调个体差异，鼓励读者根据自身情况定制合适的健康计划和生活方式。
- 更新性：随着研究和技术的进步，健康和生活建议可能会发生变化。因此，相关信息需要定期更新，以保持其时效性和准确性。

2.1.2　互联网内容的特点

互联网内容的特点具体如下。

(1) 实时性：新闻事件和社交动态可以在瞬间传播全球。

(2) 多样性：类型繁多，形式各异，包括文本、图像、声音、视频等。

(3) 交互性：用户不仅可以消费内容，还可以发表评论、分享信息、参与讨论。

(4) 用户驱动：社交媒体平台等允许用户自主生成和传播内容。

(5) 规模庞大：互联网内容数量巨大，随着网民数量的增加和技术的发展，这一趋势更加明显。

(6) 易于传播：通过链接、社交媒体、搜索引擎等，互联网内容可以快速、广泛地传播。

(7) 可搜寻性：互联网上的大部分内容可以被搜索引擎收录，用户可以快速检索相关信息。

(8) 定制化与个性化：通过数据分析和用户行为追踪，内容提供者可以根据用户的个人偏好、兴趣和需求，给特定用户推送定制化和个性化的内容。

互联网内容的高度实时性和海量规模要求审核机制必须高效灵敏；内容的多样性和交互性要求审核机制准确理解和处理各种形式的信息；定制化与个性化内容的推送则对信息安全管理提出了用户隐私保护的需求。因此，在数字经济时代下，对互联网内容进行正确、全方位的识别、认知与管理是维护互联网健康发展的重要环节。

2.2　互联网内容审核与信息安全管理的概念

互联网上的信息并不都是积极、准确或合法的。不当内容，如个人机密信息泄露、虚假新闻、误导性信息和违法内容等，也同样在网络上流传。这些信息可能会误导用户，侵害个人权益，甚至威胁社会稳定。因此，为了维持网络环境的健康，互联网内容审核和信息安全管理显得尤为重要。

互联网内容审核和信息安全管理是保证网络环境健康与安全的重要措施，它们的目标是确保在线内容和信息的传播既安全，又符合法律和道德标准。

1. 互联网内容审核

互联网内容审核是一种主动的过程，涉及对互联网平台上发布的内容进行检查或审查，以确保这些内容不含违法、误导、虚假或有害信息。这个过程要求审核者(包括人工和自动化系统)评估内容是否符合法律法规、平台政策、社会道德规范等。内容审核的目的是筛选出并移除不适当的内容，减少对用户和社会的潜在伤害。

2. 信息安全管理

信息安全管理，是一个更广泛的概念，它不仅关注内容的适宜性，还涵盖了确保个人数据安全、防止信息泄露、保护网络免受攻击等方面。信息安全管理是通过一系列策略、技术手段和过程来实现的，目的是保护网络空间的完整性、机密性和可用性，避免数据丢失、滥用或未经授权的访问。

3. 工作侧重点

互联网内容审核偏重审查数字内容本身的内容质量和适宜性，信息安全管理则更注重处理和保护信息的技术和程序，以确保网络环境的安全性和可靠性。两者共同构成了维护健康互联网环境的基础,确保了用户在享受互联网便利的同时，也能享有一个相对安全、健康的网络空间。

为了实现有效的内容审核和信息安全管理，许多在线平台采用了人工智能技术来自动识别问题内容，同时也依赖人工专家的判断。在一些情况下，用户的参与也是必要的，他们可以通过举报机制来指出不适当或违规的内容。

一套负责任的内容审核策略和周到的互联网管理机制，不仅可以保护用户免受错误和有害信息的影响，还有助于推动互联网环境的健康发展，这对保护个体用户和整个社会利益都至关重要。

4. 涉及互联网内容审核与信息安全管理的业务

在中国，内容审核是网络平台运营的一个核心环节。许多中国互联网企业都建立了复杂的内容审核系统，以便遵守法规，并防止非法和有害信息的传播。以下是一些涉及内容审核的中国企业及其业务范畴。

(1) 社交网络和即时通信：微信(腾讯)、微博、QQ(腾讯)、抖音(字节跳动)、快手等，用户可以分享文本、图片、音频和视频内容，平台要对这些内容进行审核。

(2) 视频内容和直播服务平台：哔哩哔哩(Bilibili)、腾讯视频、爱奇艺等，用户可以上传视频和发起直播，平台要对这些内容进行审核。

(3) 新闻聚合和发布平台：今日头条(字节跳动)、腾讯新闻等，用户可以评论和分享新闻，平台需要监管用户生成的评论等。

(4) 电子商务和在线市场：阿里巴巴集团旗下的淘宝与天猫和京东等，平台要对用户评价、商品描述和图片等进行审核。

(5) 游戏平台和社区：腾讯游戏、网易游戏等，用户的互动(如聊天、交易)和游戏内容需要经过审核。

(6) 问答和知识分享社区：知乎、百度知道等，用户的提问和回答均需符合平台规定，并通过审核。

(7) 分类信息和生活服务平台：58 同城、赶集网等，用户发布的租房、招聘、二手交易等信息需要遵守内容审核要求。

中国企业在内容审核上面临的业务挑战和机遇与国际企业相似，但在监管环境和政策要求方面有所不同。在中国市场，内容审核主要包括以下业务。

- 遵守法规：确保所有用户内容符合《网络安全法》《互联网信息服务管理办法》等国内法律法规。
- 敏感内容管理：评估和处理政治、社会、文化敏感话题，以符合政策要求。
- 垃圾信息和欺诈行为防控：打击垃圾广告、网络诈骗、恶意软件分发等问题。
- 知识产权保护：侦测并处理侵害版权和商标权的行为。
- 防止违禁内容传播：对暴力、色情、赌博等内容进行监测和过滤。
- 维护平台秩序：制定社区规范，维护良好的用户行为和社区环境。
- 用户反馈处理：设置举报机制，对用户举报的内容进行快速反应和处理。

这些内容审核工作对于中国企业来说是维持合法经营状态的基础，同时也是营造健康网络环境、提升用户体验的重要手段。

2.3　互联网内容生产与传播路径

国家统计局发布的《数字经济及其核心产业统计分类(2021)》，从"数字产业化"和"产业数字化"两个方面，确定了数字经济的基本范围。数字经济核心产业，是指为产业数字化发展提供数字技术、产品、服务、基础设施和解决方案，以及完全依赖于数字技术、数据要素的各类经济活动。产业数字化部分，是指应用数字技术和数据资源为传统产业带来的产出增加和效率提升，是数字技术与实体经济的融合。正是这两方面的发展，促进了互联网内容的生产与传播。

互联网内容的生产与传播路径在数字经济中占有重要位置，深受"数字产业化"和"产业数字化"两大方面的影响。以下是对互联网内容生产与传播路径的相关描述。

2.3.1 人与智能化技术成为内容生产的核心力

人类进入历史舞台以来，所具备的主观能动性一直推动着社会的进步、文化的发展及经济繁荣。在数字时代，人类主观能动性与智能化技术相结合，共同成为内容生产的核心力量。我们来解析一下其主要特征。

(1) 个人创造力的重要性：在数字经济中，个人兴趣和创造性思维是创造互联网内容的重要源泉。每个个体都能够根据自己的兴趣或者他人的需求，通过文字、图片、视频和音频等多种形式创建内容。

(2) 智能终端的作用：随着智能手机和各种智能设备的普及，个人可以方便、快捷地通过这些设备制作和发布内容。普及的智能终端不仅消除了专业设备的必要性，而且降低了内容创作的门槛。

(3) 技术的融合与创新：数字技术和智能技术的发展使得内容的生产、编辑和分发变得更加高效，同时产生新的商业模式和经济形态。云计算、大数据、人工智能、物联网等技术的融合创新，为产业带来了变革，加速了针对不同行业的产业数字化进程。

(4) 人机协同新模式：互联网内容的生成不再完全依赖于人力。AIGC (artificial intelligence generated content，人工智能生成内容)技术的兴起使得"人机协同"模式日趋普及，人工智能可以在多个层面上辅助人类创作内容。这种人机合作提高了内容生产的效率和质量，尤其是在重复性和标准化程度高的任务中。AIGC 技术正不断拓展其应用范围，包括文本写作、音频制作、艺术设计、机器人操作、自动驾驶等。以人工智能辅助的内容生成范围在不断扩大，并且优化了多种工作流程。

人类的创造性思维与智能化技术的结合，正形成互联网内容产业的核心竞争力。人的想象力和创造力为内容增添了独特性和新颖性，而智能化技术则提供了高效生产的可能。两者的协同不仅推动了内容产业的发展，也促进了相关技术的进步，有助于打造一个多样化、个性化、互动化的数字内容生态系统。

2.3.2 内容创造与数字技术结合

1. 数字产业化影响下的互联网内容生产与传播

(1) 技术开发与应用：数字技术的创新和应用，如高速网络技术、云计算、大数据、人工智能等，是现代互联网内容生产与传播的基石。这些技术使得内容创作、存储、管理和分发变得更加高效和智能化。

(2) 平台与工具创新：为内容创作者、营销人员和发布者提供数字平台和工具，如内容管理系统(CMS)、自动化营销平台、SEO 工具、社交媒体管理工具等，简化了内容的创作、优化和分发过程。

(3) 基础设施建设：包括数据中心、CDN(内容分发网络)、服务器和宽带网络等，这些基础设施是互联网内容快速传播的物理基础。

2. 数字产业化影响下的社会活动变化

计算机及通信技术的发展，快速驱动电子商务的发展，实现了线上各种形式的互联网经济活动，包括产品或服务的展示、经济活动的交易及在线各类服务等。

互联网生产服务平台、生活服务平台、科技创新平台、公共服务平台等，均随着互联网经济的发展，不断丰富及扩大服务范围。个人通过平台接入互联网，发布自己的创作，以低门槛的方式直接入门且带来直接经济效益，或实现与他人的交流互动，或满足自己某方面的需求。企业通过互联网各类平台，在互联网发布信息、开展经济活动等。各类公共服务业通过互联网平台，不断创新服务体验，提高公共服务效率。在这个过程中，各类用户需求的变化，包括用户兴趣结构的变化、消费或服务诉求的变化、产品需求的变化，均成为核心牵引力，不断加强平台的自我迭代与发展，进一步丰富互联网内容，并加速传播。

计算机和通信技术的进步加速了电子商务和互联网经济活动的发展，这些活动涵盖了从产品和服务的展示、交易，到在线服务的提供。随着互联网经济的蓬勃发展，多种网络服务平台不断涌现，服务范围日益扩大。这些平台不只促进了个人和企业在互联网上的活动，也变革了传统的公共服务，提升了效率。用户需求的变化是推动这些平台自我迭代和发展的重要动力，进一步加速了互联网内容的产生与传播。

2.3.3　产业数字化和互联网内容传播结合

产业数字化指的是利用新一代数字技术，如现代信息技术、互联网和人工智能等，对传统产业进行全方位的、全角度的、全链条的改造，通过数字化转型升级，不断提高企业生产力及经营能力，创造更好的产品或服务体验。在国家及各地政府政策的支持下，各行各业正进行数字化转型，利用信息化技术及智能技术，不断加强数字内容的生成、应用及管理。

1. 产业数字化对互联网内容生产与传播的促进作用

产业数字化是现代社会经济发展的一大趋势，它通过融合新兴的数字技术(如大数据、云计算、人工智能、物联网等)与传统产业的各个环节，显著提高了相关产业的生产率、创新能力和服务水平。产业数字化对互联网内容生产与传播具有以下促进作用。

(1) 提高数据获取与分析能力：产业数字化使企业能够收集、存储和分析大量数据。这些数据能够用于深刻理解客户行为、市场动态和消费趋势，从而指导产生更加精准和吸引人的互联网内容。

(2) 协作与共享平台的构建：数字化技术能够构建跨界合作和分享平台，允许企业、客户、供应商甚至竞争对手之间的信息共享和资源共享。例如，通过云服务和 APIs(应用程序编程接口)，不同领域的企业可以融合资源，共同产生新的内容，创造更大的价值。

(3) 自动化与智能化的运营模式：企业通过采用机器学习和人工智能技术可以使某些环节实现自动化，比如自动化的客户服务系统可以通过大数据分析客户需求，智能生成相关的内容和推荐，提高服务效率和顾客体验。

(4) 内容定制和个性化：利用数字技术，企业能够更准确地捕捉到不同用户群体的特定需求，从而生成定制化的内容。个性化营销和服务不仅能够提高消费者满意度，还能促进社交媒体和其他网络渠道的内容传播。

(5) 边际成本的降低：数字化降低了内容的产生、存储和传播成本。云计算等技术的广泛应用，使得企业无须大规模的硬件投资，即可实现大量数据处理和复杂运算，从而推进内容的快速生产与分发。

(6) 实时互动与反馈：数字化的传播渠道如社交媒体平台，允许用户与内容生产者进行实时互动。企业可以即时获取用户反馈，调整内容策略，以更好地满足用户需求，加强用户黏性。

(7) 全新商业模式的创造：数字化不仅推进了传统产业的转型，而且催生了以内容为核心的全新商业模式，如基于订阅的内容服务(如网络视频、音频平台)、在线教育和娱乐服务等。这些模式深刻改变了内容的生产、消费和价值实现路径。

产业数字化不仅是对传统工业和经营模式的革新，还是一种全面提高互联网内容生产能力和传播效率的手段。这种转型是推动经济增长、提升市场竞争力和用户体验的关键因素。

2. 国家政策促产业数字化发展方面举例

(1) 2023 年 1 月 11 日，国务院在《关于印发〈助力中小微企业稳增长调结构强能力若干措施〉的通知》中指出，深入实施数字化赋能中小企业专项行动，中央财政继续支持数字化转型试点工作，带动广大中小企业"看样学样"加快数字化转型步伐。

(2) 2023 年 2 月 13 日，中共中央、国务院授权新华社发布《关于做好 2023 年全面推进乡村振兴重点工作的意见》，提出加快农业农村大数据应用推进智慧农业发展。

(3) 2023 年 5 月 9 日，教育部办公厅发布《关于印发〈基础教育课程教学改革深化行动方案〉的通知》，要求各地充分利用数字化赋能基础教育，推动数字化在拓展教学时空、共享优质资源、优化课程内容与教学过程、优化学生学习方式、精准开展教学评价等方面的广泛应用，并建好用好国家中小学智慧教育平台，丰富各类优质教育教学资源，引导教师在日常教学中有效常态化应用。

(4) 2023 年 6 月 19 日，人力资源和社会保障部发布《人力资源社会保障部关于印发〈数字人社建设行动实施方案〉的通知》指出，将依托金保工程等信息化项目，全面推行人社数字化改革。

(5) 2023 年 12 月，国家发展改革委、国家数据局印发《数字经济促进共同富裕实施方案》，明确通过推进产业链数字化发展等发展数字经济，缩小区域、城乡、群体、基本公共服务上的差距。

3. 地方政策促产业数字化发展方面举例

(1) 广东省人民政府在 2021 年发布的《关于加快数字化发展的意见》中指出，加快在制造业、农业、高端服务业、金融科技、公共服务、政府及城市治理等方面的产业数字化转型，培育各方面的数字化发展新动能。

(2) 河北省人民政府在 2023 年 1 月印发的关于《河北省一体化政务大数据体系建设若干措施》的通知中指出，建设全省一体化政务大数据体系。

(3) 湖北省人民政府在 2023 年 5 月印发的《湖北省数字经济高质量发展若干政策措施》中指出，大力提升数字经济核心产业能级、推进数字经济与实体经济深度融合。

(4) 江苏省人民政府 2023 年 3 月印发《江苏省专精特新企业培育三年行动计划(2023—2025 年)》，核心内容为要深入实施中小企业数字化赋能专项行动，加快传统制造业数字化改造。

(5) 山东省人民政府办公厅 2023 年 6 月发布的《关于印发〈数字强省建设 2023 年工作要点〉的通知》要求，进一步完善在数字政府、数字经济、数字社会、数字基础设施、数字生态 5 个方面的建设。

在互联网内容的生产与传播路径中，"数字产业化"和"产业数字化"这两个方面相辅相成，共同推进了内容的创新、多样化及更广泛、更有效的分发。其中，数字技术的发展驱动了内容生产工具和平台的革新，提高了内容的质量、可获取性和交互性。产业数字化通过将传统产业与互联网结合，不仅扩大了内容的受众范围，也为传统产业带来了新的增长点和效率改善。这个过程涉及内容的创作、编辑、评估、发布和分发等多个环节，通过网络平台、社交媒体、搜索引擎、移动应用等渠道进行，最终形成了一个多元化、互动性强、迅速扩展的互联网内容生态。

2.3.4 需求是互联网内容生成与传播的催化剂

2023 年，中国移动互联网月活跃用户规模已经突破 12.24 亿，全网月人均使用时长接近 160 小时，同时，各平台小程序(微信、支付宝、抖音、百度)去重后月活跃用户数量达到 9.8 亿[①]。

---

① 资料来源：QuestMobile《中国互联网核心趋势年度报告(2023)》。

互联网用户规模的快速增长为互联网数字内容产业的发展提供了核心动力，催生了短视频、AI直播等新兴业态，以及基于算法推荐的个性化信息服务商业模式。基于个人需求，可利用丰富的社交媒体，分享链接、文字、图片、视频等内容，将信息传播给自己的关注者或者社交圈子。企业用户基于价值变现或用户引流，通过适当的引擎或社交媒体广告、整合互联网营销渠道等，以精准的定位和广告投放策略来宣传内容，提高传播效果，将适当的内容展示给适宜的人群。随着互联网经济的发展，整合互联网内容传播需求的互联网内容平台应运而生，如抖音、哔哩哔哩网站等，这些平台具有大量的用户、广泛的内容分类及精准的后台大数据分析，可以快速地传播、精准地推送，并可进一步收集用户反馈信息，调整服务及数据分配策略，以实现更加精准的传播及价值变现。为改善服务体验，无论企业还是公共服务部门，通过互联网服务内容的整合和线上信息共享，均可提高服务对象获取信息的准确性及一致性，提供更加多样化的服务渠道。

因此，多样的需求使得开放的互联网络催生了更多的内容，也助推了各形式内容的快速传播与信息共享。

2.4 互联网内容审核的机遇、风险与挑战

内容审核不仅是法律合规的要求，也对企业声誉和用户体验至关重要。以下是内容审核中相关企业面临的机遇、挑战和问题。

1. 机遇

(1) 技术创新：人工智能、机器学习、自然语言处理等技术的进步为自动化内容审核提供了新的可能性，提高了复杂内容判定的速度和准确性。

(2) 市场领导地位：为用户提供安全、健康的平台环境可以提升企业的市场竞争力和领导地位。

(3) 用户体验提升：有效的内容审核既能保护用户免受有害内容的影响，也能增强用户的参与度和平台的黏性。

(4) 商业模式创新：内容审核技术的提升还可以带来新的商业模式，比如与内容审核技术相关的咨询、服务等业务。

(5) 社会责任：企业能通过有效的内容管理体现自身的社会责任，积极参与打造更加积极、健康的网络环境，这有助于树立企业的正面形象。

(6) 数据洞察和产品改进：通过内容审核过程中的数据分析，企业可以更好地洞察用户行为，收集反馈，从而为产品改进和迭代提供依据。

尽管内容审核带来了种种挑战，但也使得企业有机会通过不断改进审核技术和流程，更好地服务用户、建立品牌信誉和探索新的商业机会。

2. 挑战

(1) 信息量大且内容多样。互联网每天产生数以十万篇计的文章、千万条计的短视频、十亿张计的照片等，量级如此大，形式如此多，内容各不相同，要基于一定标准鉴别这些内容是否合规、合法及是否符合社会价值导向等，实属不易。且随着数字经济的发展，互联网内容数据将越来越丰富，数据量越来越大。

(2) 要求时效性强。互联网内容的传播基于网络的传输速度，随着通信技术的发展及国家基础通信设施建设的推进，当前已实现几乎无盲点的全国无线信号覆盖。任何联通互联网的设备，均可快速将信息发布至各互联网平台，信息传播、内容使用、信息发酵速度极快，且内容传递覆盖面远远大于传统的传播渠道。然而，这种高速且大范围的传播方式也带来了一定的挑战。为了确保国家安全和社会稳定，相关部门和机构必须具备高度的敏感性和快速的响应能力，需要在第一时间发现这些不良内容，并迅速切断其传播路径，以防止信息进一步扩散。这要求具备高效的监测系统和应对策略，以确保问题处理得当。

(3) 审核涉及领域广。当前各行各业均面临数字化转型，企业利用互联网发展客户，进行广告投放及信息传播等，涉及行业广，业务类别多；同时，当前以自由人身份就业的个体户，利用互联网平台，开展个体经营活动，类型及传播内容繁杂且覆盖各行各业。审核在互联网平台传递的如上内容，是否涉及用户隐私和信息安全，是否存在虚假信息和信息盗用等，由于所关联的行业领域广、涉及的法律法规复杂度高，对知识广度要求极高，且对于跨国经营的企业，因不同国家和地区有关互联网内容的法律法规不同，企业在全球范围内运营时还需要参考不同国家的法律法规，这种跨国范围的内容，在审核上将面临更大的困难。

(4) 保持审核标准的一致性。国家通过不断健全法律政策体系，指导相关行业、相关企业按照要求，制定本行业领域及企业经营的审核标准；企业基于社会责任主体，结合法律法规框架、社会价值导向等，制定本企业详尽的内容审核细则标准。这些标准旨在确保发布的各项内容合规、合法，且符合社会道德和公共利益。在实际的内容审核过程中，由于互联网内容的多样性和复杂性，单纯的机器审核或人工审核都存在局限性。因此，在实际内容审核管理过程中，更多采取"人机协同"的审核方式。借助人工智能工具，能够快速过滤和标记大量内容，但其判断逻辑仍由人类管理，并且当前的人工智能技术尚未达到真正的"智能"水平，缺乏高阶思维能力。这意味着对于某些复杂或模糊的内容，机器可能无法做出准确判断。人工审核则能够弥补这一不足。对审核人员培训，可以提高他们的知识储备和经验成熟度，使他们能够更准确地理解和执行审核标准。然而，人工审核也存在主观性的问题。不同审核人员可能对同一内容有不同的理解和判断，这可能导致审核结果的不一致性。

3. 问题

当前，通过机器与人协同进行审核，并采取多层审核策略过滤信息，仍可能存在如下问题。

(1) 审核效率低下。由于互联网内容数量呈爆炸式增长，涉及的信息内容多样且领域广泛，对信息的及时过滤和发布时效性要求极高。虽然前端漏斗模型通过机器筛选能够初步过滤大量内容，但仍需要通过人工审核进行后续的补充和精确判断。然而，在某一领域信息量急剧增加或成熟技能人员不足的情况下，人工审核难以应对海量数据的审核需求，从而导致审核效率低下。

(2) 审核误判及漏判。不同人对同一规则、内容的理解、判断有时存在一定的偏差；不同人价值观或知识面不同，导致在审核时的判断存在局限性或主观性，可能会出现漏判和误判的情况；同样，若审核策略或规则存在漏洞，可能导致误判或漏判。

(3) 审核自动化瓶颈。随着审核需求的增加，必然要借助技术的力量，提高审核效率；但一些信息所含数据量大，且细节复杂、多变，则难以通过自动化工具进行处理；还有一些信息需要依据个人经验、知识和判断标准进行评估，这种主观性和判断性较强的信息审核，同样难以实现自动化；除此之外，一些隐私类和安全性的信息，则需要借助人工进行审核，避免自动化工具不完善导致的误判和漏判。

(4) 侵犯他人合法权益。由于部分内容审核过程为人为主观判断，或机器按照既定的规则进行筛选，可能出现错误拦截或未合理拦截的情况，进而导致漏放侵犯他人合法权益类的相关信息，甚至因快速且广泛传播造成舆论风险；或在审核的过程中，因信息安全未有效管理，而泄露他人隐私信息，从而侵犯他人的隐私权。

(5) 社会舆论未及时处理。机器审核基于人为提前预设的判断逻辑；人工审核的准确性一方面基于审核的标准，另一方面基于审核人自身所具备的知识储备。若实际内容存在一定的价值导向或舆论导向，在无法预估或判断的情况下，或审核疏忽的情况下，可能导致进一步的舆论性问题。

2.5　互联网内容治理的社会价值

互联网内容传播速度快，涉及的社会范围广、信息领域多，可在短时间内产生一定的社会舆论影响或相应社会的价值导向。因此，互联网内容治理具有重要的社会价值。

2.5.1　维护国家安全和社会稳定

互联网是一个较为开放的平台，任何人都可以通过各类通信终端即时发表个人观点等信息。中国是一个人口众多且多民族的国家，信息传播速度快。一些不实信息或有害内容，例如涉及人身攻击、辱骂、诽谤、恐吓他人等信息，社会事件虚构信息、编造公共政策等，一旦在互联网上传播，可能会引起社会不稳定因素，诸如社会动荡、民族矛盾等问题。更有甚者诸如恐怖主义宣传、极端主义内容、涉密信息泄露、分裂国家的言论等的传播，将会对国家安全造成威胁。因此，需要通过严格的监管和审核系统进行有效管理。

以下是《网络安全法》第十二条的内容。

第十二条　国家保护公民、法人和其他组织依法使用网络的权利，促进网络接入普及，提升网络服务水平，为社会提供安全、便利的网络服务，保障网络信息依法有序自由流动。

任何个人和组织使用网络应当遵守宪法法律，遵守公共秩序，尊重社会公德，不得危害网络安全，不得利用网络从事危害国家安全、荣誉和利益，煽动颠覆国家政权、推翻社会主义制度，煽动分裂国家、破坏国家统一，宣扬恐怖主义、极端主义，宣扬民族仇恨、民族歧视，传播暴力、淫秽色情信息，编造、传播虚假信息扰乱经济秩序和社会秩序，以及侵害他人名誉、隐私、知识产权和其他合法权益等活动。

互联网内容审核的价值，在于平衡表达自由与规范有序的需求。《网络安全法》的第十二条阐述了国家对网络信息自由流动的支持，同时强调了在享受这些权利时必须遵守的责任和限制，特别是在不危害国家安全和政治制度、不传播非法内容等方面。

互联网内容审核可以通过技术过滤和人工审查相结合的方式实施，确保不符合法律规定的信息得到有效控制。有效的内容审核既能防止有害信息的传播，保护公民的名誉和隐私，又能维护经济秩序和社会稳定，从而打造出一个安全、有序且健康的网络环境。这不仅符合《网络安全法》的要求，也维护了广大人民群众的合法权益和社会整体利益。

总体而言，互联网内容审核的价值在于其作为预防和控制网络风险的有效手段，对维护国家的稳定和安全具有不可替代的作用。

2.5.2　净化网络空间

互联网内容审核对于净化网络空间、维护社会公序良俗和保护特定群体，尤其是对呵护青少年的心理健康具有重要价值。互联网传播的信息中，有些违反公序良俗，比如涉及色情、暴力、欺诈等，这些会伤害人们，特别是青少年的身心健康；同时，每个人对网络信息的辨别及处理能力都有差异，容易受到虚假信息的误导；在猎奇心理的作用及影响下，部分网民有可能不顾道德底线，制造传播有害的内容。

1. 互联网内容审核的相关规定

为了应对这一问题,中国国家互联网信息办公室(国家网信办)出台了一系列管理规定和通知来规范互联网内容,并明确了内容审核的标准与要求。

以下是国家网信办发布的关键规定总结,与互联网内容审核相关。

(1) 2019 年 12 月发布《网络信息内容生态治理规定》,其中明确互联网违法信息内容及不良信息内容。

(2) 2022 年 12 月发布《互联网信息服务深度合成管理规定》,其规定任何组织和个人不得利用深度合成服务制作、复制、发布、传播法律、行政法规禁止的信息,不得利用深度合成服务从事危害国家安全和利益、损害国家形象、侵害社会公共利益、扰乱经济和社会秩序、侵犯他人合法权益等法律、行政法规禁止的活动。

(3) 2023 年 7 月发布《关于加强"自媒体"管理的通知》,明确要求规范账号运营行为,限制违规行为获利及严格违规行为处置等。对制作发布谣言,蹭炒社会热点事件或矩阵式发布传播违法和不良信息造成恶劣影响的"自媒体",予以关闭,纳入平台"黑名单"账号数据库并上报网信部门。

2. 推进互联网内容审核

推进互联网内容审核主要体现在以下几个方面。

(1) 防止有害信息传播:通过技术和管理手段过滤色情、暴力和欺诈等违法或不良信息,防止其对用户,尤其是未成年人造成负面影响。

(2) 保护用户隐私与权利:审核旨在防止个人隐私泄露和名誉侵权等违法行为,保护用户的合法权益。

(3) 维护社会秩序:防止制造和传播虚假信息、谣言,维持经济和社会秩序的稳定。

(4) 营造健康网络环境:通过审核消减低俗和令人不适的内容,促进网络环境的健康发展。

(5) 引导正确舆论方向:通过内容审核筛选正确的信息,引导公众舆论朝着有益社会文明进步的方向发展。

(6) 加强法律知识普及:通过内容审核实施过程中的规则普及和违规案例的曝光,增进公众对互联网法律法规的了解和尊重。

(7) 培养积极健康的网络文化:互联网是文化传播的平台。互联网内容审核也有助于引导建设积极向上的网络文化,推动社会主义核心价值观的传播,提高国民文化素质和道德水准。

互联网内容审核对于净化网络空间和保护用户权益起着至关重要的作用,通过各种手段的配合，可以促进互联网成为传播正能量、知识和文化的平台。

2.5.3　保护知识产权

互联网融合各类技术，任何人都可以方便地利用技术工具，发挥个人的创新和创造力，制作及传播各类形式的作品。但由于信息容易进行复制、更改等，因此容易出现侵权内容，例如复制录音录像、未经允许发表或传播作品、未经许可直播活动与转播视频等，可能涉及侵犯原创作品的版权，危害知识产权(IP)的正当权利。同时，由于部分用户对版权的认知和尊重不足，也容易造成对侵权内容的传播和下载，从而导致他人作品被盗用、被非法流转，甚至出现价值转移。内容审核和版权信息的标注，可以有效地防止侵权内容的传播，从而促进知识产权的合理使用和交易，保持互联网产业内容及质量的健康发展。同时，通过内容审核，也可以及时发现侵权的内容，为知识产权权利人提供侵权的相关证据及线索，便于权利人进行维权。

互联网内容审核，可在保护知识产权方面起到一定的信息过滤作用，其价值体现在以下几个方面。

(1) 预防版权侵权：内容审核可以及时发现并阻止未授权的复制、传播行为，防止侵权内容扩散，减少潜在的法律风险。

(2) 维护创作者权益：通过识别和标记版权信息，保障原创作者的利益不受侵害，鼓励创造性劳动的产出。

(3) 提供侵权证据：一旦发现侵权内容，审核机制可以帮助版权所有者获取侵权证据，为采取法律行动提供支持。

(4) 促进合法交易：清晰的版权信息有利于合理使用和交易知识产权，利于原创内容的授权和市场价值的实现。

(5) 宣传版权意识：内容审核的过程也是宣传版权意识的过程，有利于提高公众对知识产权的认识和尊重。

(6) 促进内容产业健康发展：有助于建立健康发展的版权环境，确保互联网内容产业的质量与创新得到保护。

综上所述，互联网内容审核在版权保护方面起到至关重要的作用，为创作者保护其作品提供了必要的安全网，同时，有利于互联网整体生态的良性循环和长远发展。确立一个明确、有效的内容审核机制，可以减少侵权行为，保证创作者的权利得以尊重，从而促进整个数字内容产业持续健康发展。

2.5.4　维护公民权益

互联网信息传播过程中，公民隐私面临被泄露和被不法分子利用的风险，这主要源于网络攻击、故意或疏忽的行为，如个人照片、视频、身份证及电话号码等隐私信息被非法获取和传播。同时，恶意攻击、侮辱、诽谤等不良内容也可能在互联网上迅速扩散，对个人声誉、心理健康和社会秩序造成损害。

内容审核在维护公民的权益方面起到了至关重要的作用，其通过及时发现和过滤侵权或不良信息，防止相关内容对公民造成伤害。这种有效的过滤机制促进了良好健康网络环境的营造，从而在不违反法律法规及不侵犯他人权益的前提下保障公民的言论自由和人身自由权利。

内容审核在维护公民隐私和权益上起到极为重要的作用，具体如下。

(1) 防止隐私泄露：通过内容审核系统识别和过滤个人隐私信息，防止这类信息被非法传播。

(2) 保护个人声誉：及时移除或控制侮辱、诽谤等侵犯他人名誉的不良内容，保护个人尊严和社会形象。

(3) 减小负面影响：阻止不良信息的扩散，可以降低它们对个人和社会造成的潜在伤害。

(4) 促进网络安全：通过有效的内容管理，减少由隐私泄露导致的网络诈骗和其他犯罪活动。

(5) 营造健康网络环境：确保网络环境的良好秩序，促进构建积极和安心的线上社交空间。

(6) 平衡言论自由与权利保护：内容审核既能够为公民言论自由留出空间，也确保不会通过滥用自由的方式侵害他人权利。

(7) 依法规制行为：内容审核有助于确保网络行为符合相关法律法规，减少违法行为并提供相应的预防措施。

(8) 保障人身自由权利：防止出现通过网络进行的针对个人的骚扰、威胁等侵害人身自由的活动。

总之，内容审核不仅是技术的应用，也体现了对社会责任的担当。其在保护公民隐私和权益的同时，也帮助维护了法律法规，确保了健康、有序的网络环境。

2023 年《中国互联网发展报告 2023》指出，未来中国将持续完善数字治理体系，不断加大对数据、算法等治理力度，规范平台经济竞争秩序，防止资本无序扩张，优化营商环境，实现数字经济与数字治理融合发展，逐步形成数字经济规范有序健康发展的良好环境。互联网内容审核与信息安全管理对于保障网络环境的安全、维护公众的隐私权益及促进健康有序的数字经济发展至关重要。随着数字技术的持续进步和互联网应用的深入，这些活动显示出其不断增长的必要性，成为实现网络治理现代化和确保国家、社会及个人利益的重要手段。

第 3 章

如何进行互联网内容审核与信息安全管理

3.1 保障言论自由

互联网内容审核和言论自由是当今社会中一个复杂并且经常引发讨论的话题。我们应该深刻体会言论自由的真正含义，结合法治精神、了解法律责任、坚守法律底线，确保在法律允许范围内发表网络言论，创建健康的、安全的网络环境。

3.1.1 言论自由的定义

言论自由是中国宪法规定的一项公民基本权利。《中华人民共和国宪法》(以下简称《宪法》)第三十五条规定："中华人民共和国公民有言论、出版、集会、结社、游行、示威的自由。"在中国，公民可以在《宪法》和法律允许的范围内自由表达自己的见解和意愿，发表研究、创作成果。随着经济社会的发展，公众实现言论自由的手段日益丰富，获取信息的需求得到更好满足，言论自由空间不断扩大，言论自由权利不断发展。

中国社会存在广泛的言论自由。公众可以通过多种渠道获取需要的信息，也可以通过新闻传播媒介自由地发表意见，提出批评建议，讨论国家和社会的各种问题。互联网成为公民表达意见和发表言论的重要渠道之一。

3.1.2 言论自由的相关理论

1. 双轨理论

针对言论自由的限制对象，可将言论自由限制分为针对言论内容的限制及非针对言论内容的限制，即所谓的双轨理论。前者是指限制某一种类型的内容或某一观点的言论，目的是限制某些言论传播的影响力，如限制色情网站的接触、检查特定政治或宗教观点的出版品等。后者并非直接针对言论的内容，而是针对言论表达的方法或渠道，如报纸的张数限制，以及集会游行的时间、地点管制等。非针对内容之限制仍有可能达到针对内容限制的效果。

2. 双阶理论

借由众多言论自由的案例，人们还发展出了一套规则，即双阶理论。该理论将言论分为高价值言论和低价值言论，前者给予高度保障，后者则依类型的不同而进行类型化的利益衡量。

只有符合以下要点，方可谓无违于言论自由：

(1) 宪法赋予政府管制之权力；

(2) 不涉及言论内容；

(3) 可增进政府的重要性或实质效益；

(4) 增进的利益不是为了压制言论自由；

(5) 限制措施所造成的限制不应超过追求上述政府利益的必要；

(6) 尚有其他渠道供该言论表达使用。

3.1.3　内容审核对言论自由的影响

内容审核对言论自由的影响是一把双刃剑。一方面，它可以防止有害内容对社会造成伤害，确保网络空间的秩序，同时保护用户不受不实信息和网络攻击的影响；另一方面，如果内容审核过于严格或不透明，可能限制合法且合理的言论，导致审查过度，侵犯言论自由，甚至影响公民对社会问题的讨论和批评。

在不同国家和地区，内容审核的标准和做法各不相同，受到该地区法律、文化和政治环境的影响。例如，有些地方可能会对政治敏感话题实行较严格的内容审核，而有些地方则可能更加关注打击网络诈骗和保护版权。

中国政府致力于促进和保护本国人民的言论自由。《宪法》等法律规定并保障公民享有包括"言论"在内的各种自由，这鲜明体现出了社会主义法律制度的优越性；同时《宪法》也明确规定，公民在行使自己的包括"言论"在内的各项自由和权利时，"不得损害国家的、社会的、集体的利益和其他公民的合法的自由和权利"。

举个例子，网络上的言论也是受到关注的。互联网上某些内容可能会被审查，例如，涉及国家安全、辱骂和谣言等不符合法律规定的信息，有可能会被删除或限制传播。所以，虽然人们可以表达自己的意见，但是需要在法律的框架内进行。

中国的言论自由是有自己特定的定义和范围的。人们在表达意见时，一方面享有宪法赋予的权利，另一方面要遵守相应的法律规定，这样的平衡旨在维护个人、社会和国家的共同利益。

在中国，宪法确认公民享有言论自由。但自由是相对的，公民在行使言论自由权利时，不得出现下列违反宪法的内容：颠覆宪法所规定的国家政权制度；损害宪法所赋予的国家的、社会的、集体的利益或其他公民合法的自由和权利；捏造或者歪曲事实进行诬告陷害；故意传播谣言，扰乱社会秩序；等等。任何挑战国家主权、国家安全、社会稳定的言论，都不属于言论自由的范畴。

1. 有关言论自由的法律条文

在中国，有关言论自由的相关法律条文如下。

(1)《宪法》第三十五条：中华人民共和国公民有言论、出版、集会、结社、游行、示威的自由。

(2)《宪法》第四十一条：中华人民共和国公民对于任何国家机关和国家工作人员，有提出批评和建议的权利；对于任何国家机关和国家工作人员的违法失职行为，有向有关国家机关提出申诉、控告或者检举的权利，但是不得捏造或者歪曲事实进行诬告陷害。对于公民的申诉、控告或者检举，有关国家机关必须查清事实，负责处理。任何人不得压制和打击报复。

(3)《宪法》第五十一条：中华人民共和国公民在行使自由和权利的时候，不得损害国家的、社会的、集体的利益和其他公民的合法的自由和权利。

(4)《中华人民共和国刑法》(以下简称《刑法》)第一百零五条第一款：组织、策划、实施颠覆国家政权、推翻社会主义制度的，对首要分子或者罪行重大的，处无期徒刑或者十年以上有期徒刑；对积极参加的，处三年以上十年以下有期徒刑；对其他参加的，处三年以下有期徒刑、拘役、管制或者剥夺政治权利。

(5)《刑法》第二百四十三条：捏造事实诬告陷害他人，意图使他人受刑事追究，情节严重的，处三年以下有期徒刑、拘役或者管制；造成严重后果的，处三年以上十年以下有期徒刑。

2. 内容审核包括的几个方面

根据国情、民情、社会的需要，对于言论自由，中国的互联网内容审核包括以下方面。

(1) 防止违法信息的传播：包括恐怖主义内容、儿童色情、版权侵权及其他被法律明确禁止的内容。

(2) 维护社会秩序：监管针对个人或群体的诽谤、仇恨言论，以及可能引起社会动荡或暴力的信息。

(3) 保护个人隐私和安全：涉及阻止任何人未经个人同意发布其个人信息，保护个人的隐私权和安全感。

(4) 去除虚假信息和不实消息：特别是在紧急情况(如疾病暴发、灾害等)中，遏制虚假信息的传播至关重要。

3.1.4 如何平衡内容审核与言论自由

互联网内容审核和言论自由之间的关系是在保障言论自由的同时管理网络环境的一个动态平衡过程。若要找到适当的平衡点，就要不断地进行社会对话，做出法律审视与发展技术创新。

在寻找这个平衡点的过程中，引起各方的激烈讨论。一些人认为内容审核是必要的，因为它能够抑制那些可能煽动暴力、歧视或者其他有害社会行为的言论；另一些人则认为，过度的内容审核会压制重要的社会议题、公共利益问题的讨论，或者成为打压政治异见的工具。

互联网企业及社交媒体平台在其中扮演了核心角色。他们开发了复杂的算法来自动识别和过滤内容，同时设立了人工审核团队来处理那些算法难以准确判断的情况。这些企业需要在遵守当地法律与用户的期望之间找到平衡，这并不是一件容易的事情，特别是当不同的法律体系和社会价值观念产生冲突时。内容审核在技术和执行层面面临以下挑战。

(1) 技术上的局限：尽管人工智能和机器学习技术在内容审核方面取得了一定的进展，但其目前仍然难以完全理解复杂的语言细微差别和不同文化背景下的含义，可能会导致误判。

(2) 执行的一致性问题：内容审核的执行需要非常一致和公正，但由于人的主观性，可能导致标准无法被一致应用。

(3) 自由与安全的交流困境：开放讨论某些敏感而重要的问题可能有助于社会进步，但在不同文化和法律环境下，这些讨论可能会被视为不恰当或危险。

(4) 透明度和责任问题：互联网公司如何执行内容审核，能否提供足够的透明度，以及当审核出错时如何承担责任，是当下热议的话题。

探讨内容审核与言论自由的关系的过程，是一个不断适应和调整的过程。在这过程中我们会不断地重审自己的社会价值观念、法律规定及技术可能性，更好地理解自由与责任共存的重要性。

3.2　识别假新闻

3.2.1　假新闻的概念

1. 定义

假新闻(fake news)是指那些故意制造并传播的不真实信息，这些信息常见于新闻的形式，旨在误导读者、听众或观众，通常是为了推动特定的政治议程、产生经济利益或在社交媒体上提高点击率。假新闻的主要内容包括完全捏造的故事、有意扭曲的真实事件、误导性的标题及对事实的片面解读等。

2. 形成原因

假新闻的形成原因是多方面的，涉及社会、经济、技术和文化等多个领域。

(1) 社交媒体的传播力：随着微信、微博等社交媒体平台的流行，用户数量激增，人们获取消息的途径更加多样化，信息的传播速度也大为加快，这在无形中营造了一个使假新闻得以迅速扩散的环境，监管难度增加，假新闻被迅速在网络上扩散。

(2) 经济动机：有些内容生产者发现通过制作和散布具有争议性或激起强烈情绪反应的虚假消息能吸引大量点击量，从而带来广告收益或流量收入。

(3) 政治和社会动机：某些机构或个人可能会使用假新闻来引导公众意见或操纵社会认知，以某种方式来影响政治决策或社会动向。在某些敏感时期，假新闻可能被用来影响社会稳定或营造某种政治氛围。

(4) 舆论操纵：有时候某些利益相关者会故意制造和传播假新闻以影响公共舆论，或针对某些人或组织。

(5) 技术的双刃剑效应：技术发展让信息发布变得十分容易，智能手机和互联网的普及让每个人都有可能成为信息的发布者，但这也导致了信息的真伪更难鉴别，假新闻得以乘虚而入。

(6) 媒介素养差距：公众的媒介素养参差不齐，尤其是一些老年族群和低教育背景的人群，缺乏甄别真假新闻的能力。

(7) 法律和规制环境：中国政府对互联网监管严格，虽然有助于抑制假新闻，但在实际操作中，监管部门的资源有限，并不能完全杜绝假新闻的产生和传播。

(8) 谣言心理和审查机制：人们对于某些信息有天然的好奇心，特别是那些带有惊悚、离奇、悲惨或丑闻性质的消息往往更容易吸引人的注意，从而在无意之中促进这些假新闻的传播。

这些因素相互作用，共同促成了一个复杂的假新闻生态环境。在应对假新闻问题时，中国政府和社会各界通常会采取一系列措施，如立法、监管、教育提升和技术手段等，以对抗假新闻的产生与传播。

3.2.2　识别假新闻的方法

1. 识别假新闻

我们可以从以下 4 点识别假新闻。

(1) 源头审查：检验消息发布的源头是否为官方或可信赖的媒体来源。

(2) 信息核实：通过官方渠道或者查阅多个新闻来源对疑似假新闻进行核实。

(3) 查证内容：对疑点进行深入查证，包括时间、地点、人物、事件的真实性。

(4) 评估逻辑：检查新闻报道是否有逻辑上的不一致或者事实错误。

2. 落地方法

鉴别假新闻涉及多个层面的努力，个人、媒体机构及政府监管部门在其中扮演着重要角色，具体的落地方法如下。

(1) 检查信息源的可靠性。查看信息是否来自官方媒体或者具有权威性的新闻机构，如新华社、人民日报等。通常，这些媒体发布的新闻更值得信赖。很多新闻机构和官方组织在社交媒体上都有认证的账号，查看账号是否有官方的认证标识也是辨认信息真伪的一种方法。

(2) 多方验证信息的真实性。如有疑问，可以通过登录官方网站或拨打官方热线电话来验证新闻信息的准确性；还可以利用网络工具检查图片和视频的原始来源，确保它们未被篡改或未脱离原始上下文。

(3) 分析内容的质量。审查新闻内容是否逻辑连贯，是否有逻辑上的漏洞或者内在矛盾。确认报道的时间、地点、人物和事件等都是真实的，包括时间线是否一致，人物是否真实存在等。

(4) 利用辟谣平台和工具。很多新闻机构和官方平台会开办辟谣栏目来澄清谣言，例如新浪微博的辟谣平台可以提供有关假新闻的官方辟谣信息。

(5) 使用搜索引擎及专业工具。运用搜索引擎查询相关的信息，对比多个消息源的报道是否一致。对于图片和视频，使用元数据分析工具来查看文件的原始信息，例如创建日期、位置信息等，以辨别素材是否被篡改或用在了错误的上下文中。

(6) 警觉情绪性词汇和标题点击陷阱。激进的标题和富含感情色彩的词汇往往用来吸引眼球，应警惕这类可能误导读者的标题和内容。

(7) 关注官方信息发布。中国政府和相关部门会定期发布官方信息，及时澄清与辟谣。在遇到可疑信息时，应及时关注官方的相关通告和新闻发布。

3.2.3 识别假新闻的工具

在识别假新闻时，可以利用一些实用工具和技巧来帮助判断消息的真伪。以下是一些具体的工具及其用法。

(1) 辟谣平台和网站。中国的主流辟谣平台包括但不限于以下平台。

● 新浪微博辟谣：微博用户可以关注官方的辟谣账号，也可以在搜索框输入相关关键词，查看是否有官方的辟谣信息。

● 腾讯新闻辟谣：用户可以通过腾讯新闻客户端的辟谣专区查询相关信息。

(2) 搜索引擎。通过输入被怀疑的新闻关键词，查看是否有来自官方或其他可信媒体的报道。在搜索引擎中使用图片搜索功能，可查找图片的其他出处，以验证其真实性。

(3) 官方消息发布渠道。政府部门的官方网站经常发布通知和声明，对于涉及官方立场和政策的新闻，可以在这些官网上进行查证。央视新闻客户端、人民日报客户端等会主动发布一些辟谣信息。

(4) 媒体素养教育资源。如中国大学 MOOC(慕课)、学堂在线等在线课程和教育平台，有时会提供与媒体素养和信息辨别相关的课程。一些高校和教育机构会定期举办关于新闻真伪辨别的公开课或讲座。

(5) 公共图书馆和档案资源。可以使用公共图书馆的数据库查询历史档案和书籍，对比新闻报道中的数据和历史事实。

(6) 专业在线社区和论坛。知乎、百度知道等社交平台经常有专业人士和其他网民对热门话题和新闻进行讨论和分析，在确认话题可信度时可以作为参考。

(7) 专业数据查询和统计网站。当遇到涉及统计数据的新闻，可以登录国家统计局官网查询原始数据。一些行业相关的新闻可以通过这些机构的报告和声明来进一步验证。

(8) 新闻机构的事实核查栏目。"财新网""南方周末"等主流新闻机构有时会发布涉及某些新闻的事实核查或调查报道。

(9) 公共大数据聚合应用。天眼查、企查查等平台通常会将多个来源的公共大数据信息集中展示，通过比较不同来源的数据，可以发现信息不一致的情况。

使用以上这些工具时应注意以下技巧。

- 多点验证：不依靠单一工具或来源，而是通过多种工具和来源综合确认信息。
- 追踪原始内容：尽可能找到新闻报道或传闻的最初来源。
- 保持更新：跟进有关事件或主题的后续报道，很多时候真相需要一段时间才能完全浮出水面。
- 了解内容创建背景：了解新闻生成的社会、政治背景，有时可以帮助理解其真实性。

虽然使用这些工具和技巧可以在很大程度上帮助我们鉴别假新闻，但仍需保持批判性思维，这是识别假新闻的最后也是最重要的一道防线。

使用上述工具和资源时，关键是综合验证信息，对比多个来源，并保持警惕和批判性思维。在某些情况下，尽管使用了各种工具，仍难以确定消息的真伪，这时最好的做法是保持怀疑态度，避免传播未经验证的信息。

假新闻是一个多维问题，涉及社会、技术、政治和心理学等多个领域。识别和打击假新闻需要公众、新闻机构、政府和科技公司的共同努力。

中国对假新闻现象的控制和治理采取了比较严格的监管策略，通过官方媒体和互联网监管部门的监督，以及公众参与的辟谣活动，可以较为有效地降低假新闻的负面影响。

3.2.4 应对假新闻的法律法规与行业措施

1. 中国治理假新闻的法律法规

在中国，为了应对假新闻和虚假信息的传播，政府颁布了多项法律与政策，旨在通过立法和行政手段预防和打击网络虚假信息。以下是中国应对假新闻的一些重要法律法规。

(1)《网络安全法》。《网络安全法》于 2017 年 6 月 1 日起正式施行，是中国网络空间治理的基础性立法。该法律强调网络信息服务提供者必须加强信息内容的管理，防止网络信息内容的泛滥，包括虚假信息。同时，强化了个人信息保护及对国家重要数据进行安全审查的规定。

(2)《网络信息内容生态治理规定》。2020 年，中国颁布了《网络信息内容生态治理规定》，明确规定网络信息内容服务提供者和使用者不得制作、复制、发布含有虚假信息的内容，对网络谣言行为进行了规范。

(3)《关于依法惩治利用信息网络进行诽谤等刑事犯罪的通告》。2013 年 8 月，七部门(最高人民法院、最高人民检察院、公安部、国家互联网信息办公室、工业和信息化部、国家广播电视总局、中国人民银行)联合发布《关于依法惩治利用信息网络进行诽谤等刑事犯罪的通告》，明确了网络谣言传播者的法律责任。

(4)《互联网信息服务管理办法》。《互联网信息服务管理办法》规定，网络服务提供者必须要求用户提供真实身份信息才能享受相关的服务(即实名制)，这有助于限制匿名发布虚假信息，也便于追踪和处罚传播虚假信息的个体。

(5)《刑法修正案(九)》。《刑法修正案(九)》提出，传播谣言或者虚假信息，扰乱社会秩序的，可以依法追究刑事责任，如果造成严重后果，最高可判处有期徒刑。

(6)《互联网广告管理暂行办法》。《互联网广告管理暂行办法》规定，互联网广告不得含有虚假信息，误导用户，对于违法虚假广告也进行了较为明确的法律责任规定。

(7)《互联网新闻信息服务管理规定》。《互联网新闻信息服务管理规定》强调，互联网新闻信息服务必须遵循法律规定，传播的信息必须真实、准确，且不能制造、传播谣言。

中国在打击假新闻方面采取的法律和政策反映了对网络虚假信息的零容忍态度，这些措施旨在维护网络空间的清朗和国家及公众的利益。这些措施在执行时仍存在挑战，包括：如何平衡信息审查和言论自由的关系，如何提高监管和技术措施的精准性，以及与国际标准的接轨等问题。随着网络技术的发展和网络环境的变化，相关法律政策也应不断更新，以适应新的情况。这些政策和法律体现了中国应对假新闻的全面性，涉及内容检查、信息安全、用户身份管理、媒体责任、刑事责任和行政措施等多个方面。实施这些措施的同时，中国政府和相关监管机构，如中央网络安全和信息化领导小组、中央网信办、国家互联网信息办公室、公安部及国家广播电视总局等，会进行监督执行。这些法律和政策在推动网络环境的清朗和信息的准确性方面起到了重要作用。

2. 中国法律法规中应对假新闻的主要手段

在中国，中国政府采取了综合性的应对策略，目的是要从源头上减少假新闻的产生和流传，同时提高公众辨识和应对假新闻的能力。下面列举应对假新闻的主要策略和措施。

(1) 网络内容监管和立法。中国政府制定了一系列法律法规来监管互联网，包括但不限于《网络安全法》《信息网络传播权保护条例》《互联网信息服务管理办法》等，这些法律规定了信息服务提供者的责任和义务，并明确了禁止发布虚假信息的要求。违反这些规定可能会承担法律后果，如罚款、关闭网站、撤销许可证，甚至刑事处罚。

(2) 实名制。在中国，互联网用户通常需要通过实名注册才能使用服务，这不仅适用于社交媒体和新闻评论区，也包括各种在线平台。这种实名制有助于追溯来源，并对散播假新闻的个人或实体进行追责。

(3) 平台自我监督。互联网企业被要求建立内容审核机制，删除违法和不实内容。相关平台(如微博、微信、抖音等)都配备了自己的内容审核团队，以侦测和移除违反规定的内容。

(4) 官方辟谣平台。政府和政府关联的机构设立了多个官方辟谣平台。例如，中国的"辟谣"平台和一些官方媒体经常发布辟谣信息，对流传的虚假信息进行澄清。

(5) 网信办等监管机构的行动。中央网信办(Cyber Space Administration of China)等政府机构加强对网上信息内容的监管，对网民传播的假新闻和网络谣言进行调查，并对相关违规行为进行处罚。

(6) 科技手段的利用。政府和行业开始更多地使用人工智能、大数据和机器学习等技术，以高效地发现和减少虚假信息的传播。

(7) 网络生态治理专项行动。针对网上虚假信息及不良信息，中国政府会定期展开网络生态治理专项行动。这些行动通过集中力量打击网络空间混乱现象，包括虚假新闻、谣言等。

(8) 鼓励公众举报。鼓励网民积极举报违法和不良信息，许多平台和地方政府都设有举报渠道，对于举报有功的网民还会给予相应的奖励措施，增强了社会公众参与清朗网络空间建设的积极性。

(9) 公共教育与宣传。在媒体发布的信息中，政府机构通常会加入警示教育内容，提高公民对假新闻的识别能力，并宣传正确处理网络信息的方法，提升全社会的媒体素养。

(10) 开展正面宣传。积极开展正面宣传和引导，鼓励和支持主流媒体发布高质量、准确可信的新闻信息，增强主流舆论的传播力度，形成正确的舆论导向。

3. 应对假新闻的企业自律措施

在中国，除了法律法规和政府综合监管，企业面临假新闻和虚假信息的问题时，同样会采取一系列自律措施，以保护自身品牌声誉和消费者权益，同时遵守国家法律法规，避免法律风险。以下是中国企业通常采取的一些行业自律措施。

(1) 内容审核和监控：企业会建立一套内容审核制度，通过人工或自动化的方式，对平台上发布的信息进行逐项审核，确保不传播不实信息。对于已经发现的假新闻或虚假信息，企业应立即删除或纠正，避免假信息的进一步扩散。

(2) 实名注册制度：许多企业实施实名注册制度，要求用户使用真实身份信息进行注册，这样一旦有用户传播虚假信息，就能够快速定位并对相关责任人采取措施。

(3) 用户协议和社区规则：企业会在用户协议中明确规定用户不得在平台上

发布虚假信息，并制定详细的社区规则，对用户的行为进行规范。违反规则的用户可能面临警告、封号等处罚。

(4) 建立举报机制：企业通常会设置举报渠道，鼓励用户举报虚假信息，并对举报信息进行及时处理，对经核实为虚假的内容予以删除或进行必要的更正。

(5) 多方协作：企业与政府机构、行业协会及其他企业进行协作，共同打击假新闻，形成合力。例如，即时通信软件和社交媒体平台可能会与事实核查机构联动，共同识别和处理假新闻。

(6) 提高透明度：企业提高自身操作的透明度，如透露广告投放、新闻推荐的算法和机制，让用户了解内容的来源和排名理由，从而减小虚假信息的影响。

(7) 教育和引导：企业不仅自身自律，同时倡导用户提高辨识能力，通过宣传教育提高用户识别假新闻的能力，以及告知用户正确的信息验证渠道。

(8) 快速响应机制：建立快速响应机制，一旦出现假新闻及虚假信息，能够迅速做出反应，包括澄清事实、发布正面消息、对外沟通等。

(9) 法律顾问团队：打造一支专业法律顾问团队，不仅用于公司政策的制定，还可以应对可能发生的与虚假信息相关的法律争议或者政府的相关问询。

(10) 数据分析与技术创新：运用大数据分析、人工智能和机器学习等技术，识别和过滤虚假内容，持续提升虚假信息的检测和响应效率。

(11) 定期培训和教育：企业会对员工进行定期的培训，包括新闻编辑、内容管理人员和客服人员等，教会他们识别和处理虚假信息的策略和技巧。这种教育还包括提高员工的法律意识，确保他们在日常工作中遵守相关法律法规。

(12) 制定企业、行业标准：以国家有关的法律法规为前提，制定企业与行业的标准是企业必须执行的基本任务。为此，企业会密切关注相关的政策动态，并确保其业务运营遵循行业内的最佳实践和标准。

(13) 强化技术应用：企业可以继续提升和优化使用的技术工具，如改进内容审核算法，增强机器学习模型的精准度，也可以开发新的内容管理工具，以便于更有效地区分和管理不实内容。

(14) 履行企业社会责任：作为企业社会责任的一部分，积极参与打击假新闻，说明企业对社会责任的承担。企业可以通过发布透明报告、参与公益活动及合作项目来履行社会责任。

(15) 构建正面内容生态：通过鼓励和奖励高质量、有价值的内容生产，企业可以构建一个积极和健康的信息交流环境。良好的内容生态自然会降低假新闻的传播空间。

(16) 行业合作：积极与外部合作伙伴，如广告商、内容创作者等建立良好的合作关系，共同创建一个不容忍虚假信息传播的网络环境。

实施上述行业自律措施需要企业保持高度的责任感和敏感度，实时评估和应对假新闻带来的多方面挑战。随着技术的发展和社会环境的变化，企业也需要不断调整和完善其应对措施以适应新情况。通过积极行动来应对假新闻，企业能够保护消费者，维护市场秩序，并最终为社会的稳定和谐做出贡献。

3.3　监测和分析网络舆情

3.3.1　网络舆情的概念

自从互联网技术出现以来，它带来了信息传播方式的根本变革。互联网的普及使得信息传播更加广泛和迅速，普通人也能够通过网络平台发出自己的声音，这些集合起来形成了网络舆情。社交媒体平台如微博、微信等的兴起极大地促进了网络舆情的形成和扩散。这些平台使得人们不仅能够接收信息，更能够快速、广泛地分享和评论信息。社交媒体的广泛使用让每个人都可能成为信息的发布者，通过社交媒体表达自己的观点和感受，使得网络舆情成为一个重要的社会现象。随着新闻网站和博客的流行，更多的人通过这些数字媒体获取信息和表达意见，这些在线讨论也成为网络舆情的重要组成部分。智能手机和移动设备的广泛使用增强了人们访问互联网的便利性，进一步加强了网络舆情的即时性和影响力。

1. 定义

网络舆情(online public opinion)指的是个体或集体在互联网(如社交媒体、新闻网站、论坛、博客、微博等在线平台)上针对特定事件、个人、产品或政策等所表达的观点、情感和态度的集合。网络舆情展现了公众对当前发生事件的关注点、看法和反应，通常以文字、图片、视频等形式呈现，并能够被其他互联网用户所看见、分享和评论。

2. 特点

网络舆情具有以下特点。

(1) 广泛性：网络舆情通常涉及广大的互联网使用者，反映了不同背景和观点的多元性。

(2) 快速性：相比传统媒体，互联网的信息传播速度极快，一条相关信息可以在很短的时间内被广泛传播和评论。

(3) 实时性：网络用户可以随时发表和更新自己的观点，使得舆情能够在第一时间形成和演变。

(4) 互动性：网络提供了交流互动的平台，用户之间的评论和回复构造了动态的讨论环境。

(5) 匿名性：许多网络平台允许用户匿名发言，这有助于某些人更自由地发表意见，但也可能导致出现不负责任的言论。

3. 作用

准确地监测和分析网络舆情，对于管理公共关系、引导社会舆论、维护网络空间秩序及促进经济社会的健康发展等具有重要作用。随着互联网和社交媒体的持续发展，网络舆情的作用和重要性也将日益增强。我们应在以下几个方面建立对舆情管理的认知。

(1) 形成社会压力，迫使企业或政府做出回应或改变政策：网络舆情可以在很短的时间内形成，并通过社交媒体快速传播，从而迫使政府部门和个人快速响应并采取措施。网络上的负面信息如果不加以应对，可能会对社会稳定、公共安全和企业形象产生重大影响。

(2) 对企业或个人声誉造成积极或消极的效应：企业和组织面临的突发事件或危机往往伴随着大量的网络讨论，有效的网络舆情监控和应对策略可以帮助控制和缓解危机，保护品牌或组织的声誉。

(3) 了解公共需求和市场趋势：无论是政府决策还是企业的市场战略，网络舆情的反馈都可以提供重要的参考信息，有助于相关主体更好地洞察公众需求和市场趋势。通过分析网络舆情的趋势和特点，可以预测市场动向、调整产品策略、优化服务体验等。

(4) 塑造公众认知：互联网上关于某个事件或事物的讨论和评论可以极大地影响人们对这些问题的认识和态度，有时甚至影响整体社会氛围。

(5) 赋予了每个人参与讨论的权利：互动讨论可以更好地促进观点的深化和扩散。

(6) 影响媒体的报道方向和内容：随着传统媒体和新媒体的融合，网络上的舆情也会影响传统媒体的报道方向和内容，二者相互促进，使得网络舆情的影响力进一步扩大。

随着技术的发展和用户行为的变化，网络舆情逐渐成为社会运作的一个关键要素，其对于个人、组织和社会整体的影响也随之加大。

3.3.2　网络舆情管理

1. 网络舆情管理的目标

网络舆情管理已经成为企业和公共机构日常运营中不可或缺的一部分。网络舆情管理核心目标包括：

(1) 识别和监测网上对自身品牌、产品或政策的讨论；

(2) 应对和减轻负面评价或不当信息所造成的影响；

(3) 利用网络平台主动发布正面消息，树立良好形象。

2. 网络舆情管理的步骤

有效的网络舆情管理通常需要以下步骤。

(1) 监听：可使用专业的社交媒体监控工具和网络分析手段来跟踪和评估针对特定主题的在线讨论。

(2) 分析：对收集到的数据进行分析，以识别话题趋势、情感倾向，以及潜在的传播范围和影响。

(3) 策略规划：基于对网络舆情的分析结果，设计合适的沟通策略和应对措施。

(4) 参与互动：积极参与到在线对话中，以官方身份发布正面信息，回应疑问，解决误解或抱怨，展示公正的、负责任的形象。

(5) 危机管理：当面临可能的舆论危机时，迅速而有效地响应以控制情势，防止负面论调蔓延成全面危机。

(6) 关系运营：和重要的网络影响者或意见领袖建立良好关系，有助于传播正面信息和平衡负面声音的影响。

一个成熟的网络舆情管理体系不仅能够帮助组织和个人及时识别舆情变化，还能使其有效地参与舆论，从而引领和塑造网络舆情，保护和提升自身的品牌价值和社会形象。同时，网络舆情也为政策制定者提供了了解民意的途径，使得政策更加接地气，有助于推动社会发展。

3.3.3 舆情监控工具与技术

在中国进行在线舆情监控时，面临的主要挑战是如何在巨大的互联网信息流中精确地捕捉到与企业品牌、产品或政府政策相关的观点，并对这些信息进行分析和应对。

1. 舆情搜索和收集的技术工具

舆情定向收集的主要技术手段是网络爬虫(web crawler)技术，也常被称作网页蜘蛛(spider)，是一种用来自动浏览互联网的网络机器人。网络爬虫的工作流程通常包括网页下载、内容解析、数据提取和数据存储几个基本环节。

1) 网络爬虫在舆情监控中的作用

网络爬虫在舆情监控中的作用主要体现在以下几个方面。

(1) 数据采集：通过采用爬虫技术，能够自动地从各类网站和平台上抓取信息，为舆情分析提供原始数据。

(2) 快速检索：通过关键词匹配和高效的爬取策略，爬虫就可以快速地跟踪到相关舆情信息。

(3) 持续监控：一旦设定好特定的监控目标和频率，爬虫就可以持续不断地监控和更新数据，确保实时捕捉到最新的网络舆情。

2) 使用网络爬虫时应遵循的原则

中国的网络安全法和相关法律、行政法规对个人信息和数据的收集与使用设有较为严格的限制。使用网络爬虫时应遵循以下原则。

(1) 遵守法律法规。确保获取的数据不违反《中华人民共和国著作权法》《中华人民共和国个人信息保护法》等相关法律法规。在进行数据采集前，应当仔细阅读目标网站的服务条款或隐私政策，不得违反网站内声明的规则。

(2) 尊重 Robots 协议。Robots 排除标准(robots exclusion protocol)定义了爬虫可以访问和爬取的网页内容，合法的爬虫应当遵循这个标准。

(3) 用户隐私保护。在抓取和分析用户生成的内容时，应该保护用户隐私，不得收集和使用用户的个人敏感信息，如身份证号码、电话号码等。

(4) 避免服务器过载。在爬取网站数据时应当控制访问频率，避免给目标网站服务器造成过大压力，影响其正常服务。

(5) 数据加工和使用。进行数据加工时，不得产生误导性的信息，并且在使用数据时有适当的处理，不得有任何非法用途。

(6) 获取授权。对于有些网站，可能需要事前获得授权才能进行爬取。在这种情况下，必须依法获取数据使用权限。

在中国，合理合法使用爬虫技术的实体通常包括互联网公司、研究机构和数据服务商等，他们会在遵守上述原则的基础上，利用爬虫技术来收集网络数据、进行市场研究或提供商业情报等。任何私自爬取数据并滥用所得信息，尤其是侵犯了用户隐私和知识产权的行为，均有可能受到相关法律的追究。

2. 舆情分析工具应具备的功能

(1) 社交媒体和论坛实时搜索：舆情搜索工具通常会对微博、微信、百度贴吧、知乎、豆瓣等社交平台和论坛进行实时搜索。工具会使用爬虫技术对这些平台上的内容进行抓取，然后通过关键词过滤出相关信息。

(2) 即时新闻跟踪：包括对新闻门户网站和多媒体平台(如新华网、人民网等)的监控。监控国内外发生的突发事件或新闻，并分析其对品牌或机构形象可能产生的影响。

(3) 关键词监测和定制化报告：用户可以设定特定的关键词，工具会根据这些关键词进行定制化监控；还可以生成个性化报告，这些报告可以是实时的，也可以是周期性的，能够帮助用户追踪舆情的变化趋势。

(4) 情感分析：采用自然语言处理方式，对网络上的文字信息进行情感倾向性分析。这些分析可以帮助判断网民的观点是正面的、负面的，还是中性的，并以此来判断其对品牌的影响。

(5) 数据可视化：复杂的数据和信息通过图表、曲线等形式直观呈现，便于高层管理者快速把握舆情态势。

(6) 媒体分析：提供在不同媒体渠道上的曝光度和媒体影响力分析。分析报告展现企业或品牌在各大媒体平台的曝光率和声量。

(7) 危机预警系统：根据预设的规则和阈值来设定预警机制。当相关关键词或负面情绪达到某种程度时，系统会自动发出预警提醒。根据企业需求定制不同程度的舆情分类分级，及时通知涉事部门和人员及时处理。

3. 舆情分析正在试验的新工具

(1) 大数据分析：运用大数据技术处理和分析海量的网络信息，揭示舆情传播路径、关键词的变化趋势及相关人群的行为模式。

(2) 人工智能与机器学习：使用 AI 进行文字识别、内容理解和情感判断，提高分析的准确性和效率，可以通过训练不断优化舆情分析模型。

(3) 网络舆论预判体系：通过之前舆情数据的分析积累，在监测过程中预判到可能引发负面舆情的信息，及时应对，例如通过官方发布信息、正面引导等方式积极应对和疏导网络舆论。

由于互联网内容的急速变化和中文的复杂性，舆情监控也面临着分辨信息真假、处理网络暴力等挑战。同时，监控活动要确保符合中国的网络法规和用户隐私保护要求。舆情监控不仅需要先进的技术和工具，还需要专业的团队来进行数据分析、新闻判断和危机应对。

3.3.4 网络舆情危机管理

1. 舆情分析的考量因素

随着网络技术和社交媒体的发展，舆情变得更加多元和即时，在分析时应该考虑以下因素。

(1) 政策导向：中国政府的政策导向对国情与民情具有重要影响。政府在国家治理、经济规划、社会管理等领域的决策和政策，会直接反映在公众的议论和舆论动态上。例如，在城乡发展、扶贫、教育、卫生、住房等政策的推动下，民众对相关议题的关注度会提高，进而影响舆情走向。

(2) 经济发展：中国作为世界第二大经济体，经济的波动和发展态势会对民情造成显著影响。例如，房地产市场、股票市场、就业情况、物价水平和消费趋势等都是影响民众情绪的重要因素。在经济增长放缓或遇到挑战时，国内外舆论会比较关注民众的生活压力和对未来的预期。

(3) 社会变迁：随着中国社会的快速变迁，社会结构和价值观念也在不断演化。比如，城镇化进程、人口老龄化问题、性别平等、社会保障体系建设等议题，这些都是当前中国社会变迁中的关键点，也是舆论持续关注的热点问题。

(4) 文化特点：中国的文化传统影响着民众的思维和行为方式。比如，在春节、国庆等重要节日，民族团结和家庭和谐成为社会舆论的积极因素。在这些时期，民众情绪普遍较为正面，社会舆论大多集中于庆祝和祝福。

(5) 信息路径：互联网和社交媒体改变了信息的获取和传播方式，微博、微信、抖音等平台成为公众表达和传播意见的主要渠道。信息的即时性和广泛性使得舆情能够迅速形成和扩散。网络热点事件可以在很短的时间内引起全国范围内的广泛关注。

(6) 环境与健康：环境保护和公共卫生是现代中国社会日益关注的议题，如空气和水质污染、食品安全问题等相关话题，都能引发强烈的舆论反响。

(7) 国际形象与民族自豪感：在国际事务中，中国的形象和立场也常常成为公众舆论的热点。国家的外交成就、体育赛事、科技突破等事件会影响民族自豪感，并在舆论中产生广泛影响。

(8) 新生代与价值观变革："80 后""90 后"，甚至"00 后"的新生代，成为社会舆论的活跃群体。他们的价值观、消费习惯、社会认同感与老一代有所不同，这对国情民情的理解同样产生了影响。他们对自由、平等、创新和个性表达的诉求，对社会舆情有着重要的影响。

(9) 民族关系和社会和谐：中国是统一的多民族国家，民族团结和社会和谐是基础国策。对于民族地区的发展、民族文化的传承等议题，总体舆情倾向于保护民族文化的多样性。

(10) 公共安全：公众对公共安全问题非常关注，包括食品安全、交通安全、网络安危等各方面。任何关于安全的事件或危机都可能迅速引发公众的关注和反应。政府在处理此类事件时的效率和透明度会直接影响民众的信任度和社会稳定。

(11) 司法公正与权利保障：社会公平正义是公众关注的热点。案件处理的公正性、法律的公平执行等方面直接关系到民众的权益保障。这些议题在社交媒体上常常引起激烈讨论，也是民情中对社会治理评价的一个重要方面。

(12) 文化多样性与融合：中国悠久的历史孕育了丰富多彩的文化，如何在现代化的进程中保护和传承这些文化，是舆论关注的问题。同时，随着全球化的深入，外来文化与本土文化的碰撞、融合也成为舆论关注的一环。

(13) 传统与现代的碰撞：在传统价值观念与现代生活方式间，存在一定的张力。尊老敬贤、家庭观念等传统价值与个人主义、自由竞争等现代价值产生交织，这种碰撞反映在民众的日常生活中，也体现在舆论和公共政策的制定上。

(14) 法治建设与社会诚信：法治建设是社会治理的基石，民众对法律体系的完善、权力运行的监督、公民权利的保障充满期待。同时，社会诚信体系的建设也是维护社会和谐的重要方面，它直接关系到每个人的日常生活和社会经济活动的健康运行。

(15) 社会流动性和公平性：为了维护社会的稳定与和谐，提高社会流动性，减少贫富差距是刻不容缓的任务。公众将持续关注教育公平、就业机会、社会福利等方面的政策，并对政府在改善民生方面的努力进行监督。

(16) 文化自信与国家认同：在全球化的大背景下，中国的文化自信与国家认同成为舆论关注的主题。如何在保持开放的态度吸纳世界文化精髓的同时，保持和发扬中国特色的文化，是一个重要议题。

在分析中国现实的国情与民情时，需要结合实际的社会动态和具体的历史背景进行细致考察，不断跟踪热点议题，并对相关情绪和意见变化保持敏感；还需要注意时间的动态性，及时获取信息、准确解读动态。

中国作为一个快速发展、社会体系复杂的国家，政府和各界需要对舆情保持高度关注，通过多渠道、多角度收集民意，维护社会稳定与和谐发展。

2. 应对网络舆情危机的思维方式

在中国，网络舆情危机管理是企业、政府机构、公众人物等都需要关注的议题。中国特有的国情与民情决定了网络舆情危机的处理需采取特定的思维方式和策略。

(1) 审慎性原则：在信息公开和回应之前，要经过严格审查，确保信息的准确性和合规性，避免加剧危机。

(2) 快速反应：危机发生时，尽快给予回应，表明已经注意到问题并正在处理，以降低不良影响。

(3) 文化敏感性：考虑到中国特有的文化背景，尤其是谐音、象征意义等细节，在处理危机时应注重语言和行动的文化内涵。

(4) 情绪共情：理解公众情绪，展现出同理心，避免冷漠或自上而下的回应方式。

(5) 权威性原则：来自权威和可信赖的声音(如行业专家、政府部门)在舆情危机管理中更具影响力。

(6) 预见性思维：在危机发生之前，就应有预案和准备，实施风险评估和模拟训练。

3. 应对网络舆情危机的策略

(1) 建立预警系统：实时监控网络舆论和社交媒体动态，以便快速感知舆情的波动。

(2) 及时公开回应：第一时间确认信息并给予公开回应，防止谣言蔓延和情绪恶化。

(3) 信息披露与管理：在确保信息真实性的基础上，逐步、有序地公开信息，避免一次性发布大量信息引起公众恐慌。

(4) 利用多元传播渠道：结合传统媒体、新媒体及政府和非政府的传播渠道，形成立体传播。

(5) 引导舆论方向：通过发布权威信息和专家解读，引导公众理性看待问题，平复情绪。

（6）协同应对：与有关部门和机构合作，采取协同应对措施，提升舆情管理的效果。

（7）主动承担责任：若危机由实际错误或失误引起，应主动承担责任，并采取补救措施。

（8）跟进与持续沟通：危机爆发后，持续跟进和沟通，直至问题得到妥善解决。

（9）危机后评估：在危机结束后评估处理过程，总结经验教训，优化危机预警和应对机制。

（10）法律手段辅助：在必要时通过法律途径解决误解与诽谤，保护企业和个人的合法权益。

面对网络舆情危机时，需要做出谨慎、快速、以情绪共情为基础的回应，同时结合权威的声音和专业的方式，引导公众理性看待问题，并通过有效的沟通管理和后续跟进解决问题。

政府、企业和社会组织在参与舆情管理时，要采取积极的态度，提升信息透明度，及时回应公众关切，引导健康的舆论方向，同时深化改革，解决社会矛盾，推动和谐社会的建设。

3.4　保持在中国国情下互联网内容审核的公正性和客观性

在中国国情下，保障互联网内容审核的公正性和客观性是一个非常复杂的问题，因为这涉及国家安全、社会秩序、文化传统、法律规定和市场经济等多个方面。以下做法有助于提高互联网内容审核的公正性和客观性。

（1）建立明确的法律框架：在中国，政府可以通过建立详细的法律和行政法规，为互联网内容审核提供清晰的指导原则和标准。这样的法律框架应该既要保障国家的安全稳定，又要尽可能保护个人的权利。

（2）成立独立监管机构：可以考虑成立独立的监管机构来监督互联网公司的内容审核工作。这个机构应该有权审查内容审核的决策和过程，并对过度审查或审查不当的行为进行调查和处罚。

（3）公开透明的审核标准：增强内容审核过程的透明度，包括明确不同类型内容处理的标准和流程，以及审查决策的依据，这有助于提高用户对审核过程的理解和信任。

（4）科学设立审查层级：根据内容的敏感度、影响范围和可能造成的后果设立不同的审核层级，对低风险内容进行自动化筛查，而对高风险内容进行更详细的人工审查。

（5）平衡国家政策与用户需求：审核政策和标准应随着社会环境的变化和技

术的发展而定期更新，反映社会最新的价值观和用户的现实需要。平台在执行国家的互联网政策时，也应考虑用户对信息表达和获取的需求，理解不同用户群体的内容偏好，并考虑如何在遵守国家法律的同时，尽可能地满足用户需求。

(6) 增强公民法律意识：通过公共教育，增强网民的法律意识、隐私保护意识和信息素养，以更有效的自我管理来减少可能需要官方介入的情况。同时，鼓励用户发挥监督作用，形成社区自我调节的良好环境。

(7) 精确定位违规内容：提高内容分析的精确性，尽可能确保仅针对违规内容进行处理，避免过度审查。这可能涉及对技术算法的优化和对审核人员的精准培训。

(8) 提高执行者的专业素养：平台应当鼓励责任感与伦理道德，加强内容审核人员对公众利益和个人权利保护的认识，引导审核人员在执行审核工作时兼顾法律规定、社会责任及人权尊重。

(9) 为内容审核人员提供定期的职业培训，包括法律知识、社会伦理、心理健康等方面的教育，以提升他们的专业性和判断的准确性。培养具备高专业素养和良好职业道德的内容审核人员，通过定期培训和教育来提高他们的审查能力和公正性。

(10) 技术创新与技术进步：随着技术的发展，企业应不断创新，研发更加精准的内容审核工具，实现对违规情况的快速响应和处理，同时减少对合法言论的不必要干扰。在保障个人隐私的前提下，运用先进的技术手段辅助内容审核，比如利用人工智能技术来辅助识别违规内容，从而提高效率和一致性，减少人为偏见。

(11) 社会参与和多元监督：通过让不同的社会团体、专业机构、学者专家和普通用户参与到内容审核标准的制定和评估过程中，可以提高审核政策的多元性和公正性。

(12) 明确申诉和复议机制：设置清晰的内容申诉和复议机制，让用户在不同意内容审核结果时有机会寻求复核和改正，这将有助于确保审核决定的公正性和正确性。

(13) 用户反馈机制：强化用户通过评价、反馈等方式参与内容审核过程的机制。用户反馈可以帮助平台发现审查标准的不足之处，同时提高用户的满意度和平台的响应速度。

(14) 定期评估与透明报告：互联网企业可以定期发布内容审核报告，概述其政策、执行情况及遇到的挑战，包括内容被删除或封禁的统计数据等。这种做法有助于公众和监管者了解内容审核的实际运作情况。积极采用数据分析工具来评估内容审核的有效性和影响，这些数据可以帮助政策制定者和平台运营者不断调整和优化审核流程。

第 4 章

互联网内容审核与信息安全 管理的相关法律法规制度

4.1 国家的内容审核政策和法规

4.1.1 影响互联网法律法规的社会大趋势

中国关于互联网内容审核与信息安全管理的相关法律法规制度的出台，是在全球化快速发展、网络技术迅猛进步的背景下应运而生的。这些法律法规的建立和完善主要受以下几个社会大趋势的影响。

(1) 互联网技术飞速发展：随着新技术如云计算、大数据、物联网、人工智能的普及，互联网成了社会运作不可或缺的一部分，这就需要有相关的法律框架来规范技术的使用，保障在技术带来利益最大化的同时避免潜在风险。

(2) 信息安全问题日益突出：随着网络空间的扩大，网络安全事件(如黑客攻击、个人信息泄露、网络诈骗频发)不仅威胁国家安全和社会稳定，也严重侵犯了公民的隐私权和其他合法权益。

(3) 网络空间治理需求增强：网络空间是一个虚拟的公共空间，传统的管理方式与网络特性不符，需要新的管理思路和手段。制定相关法律法规正是为了更好地实现网络空间的规范化、法治化管理。

(4) 国际网络治理格局变化：在全球化背景下，互联网信息流动没有国界限制，不同国家和地区的法规差异对国际网络信息流动和交流产生影响，我国亦需要建立符合国情的网络管理法规，保护国家利益和文化安全。

(5) 社会治理现代化：网络技术被广泛用作提升社会治理水平的工具，一系列法律法规的出台，旨在利用现代技术手段维护社会稳定，保障公共利益，推动社会治理现代化进程。

(6) 公众对互联网治理的认知逐步提升：人民群众对于网络安全和个人隐私的意识逐渐提高，社会公众要求国家出台相应的法律，以保护个人数据安全，遏制网络违法犯罪活动。

随着互联网技术的不断发展，网络已成为人们生活中不可分割的一部分，相应的法律法规制度的出台是应时代发展要求，也是面对新挑战和问题的必然选择。这些法律法规制度的建立和实施，旨在构建清晰、公正、健康的网络环境和信息秩序。

中国互联网内容审核与信息安全管理的法律法规制度的建立，在于响应技术和社会发展趋势，加强网络治理，维护国家安全与社会稳定，促进健康有序的网络环境，以及满足公民对网络个人信息保护的需求。随着互联网技术和应用的不断演进，这些法律法规的内容也需要不断更新和完善，以适应新的挑战和需求。

4.1.2　中国互联网内容审核与信息安全管理法律法规的制定原则

中国关于互联网内容审核与信息安全管理的相关法律法规制度主要遵循以下方针和原则，这些方针和原则在设计和执行互联网政策时起着基础性的作用。

(1) 法治原则：坚持依法治网，确保互联网内容审核与信息安全管理工作依法进行，法律具有最终权威性和指导性。

(2) 安全原则：安全是网络空间的基石，应坚持网络安全和信息安全，确保国家安全、社会稳定和个人信息安全。

(3) 服务原则：互联网服务于社会，服务于人民，通过规范互联网内容管理和信息安全，创造良好的网络环境，提升互联网服务的质量和水平。

(4) 自律原则：鼓励互联网企业和组织加强自我约束、自我管理，提高自律意识，依法履行社会责任。

(5) 保护隐私原则：在内容审核和信息安全管理工作中尊重和保护个人隐私权，不非法收集、使用、泄露个人信息。

(6) 平衡原则：在确保安全的同时，保护好言论自由和创新精神，促进科技进步和信息技术的健康发展。

(7) 审慎原则：对网络内容的监管和信息安全管理要稳妥有序，既不能过于宽松以致无序，也不能过严以致抑制网络文化的繁荣。

(8) 公平原则：保护公民、法人和其他组织在网络空间的合法权益，保证其在网络空间公平参与竞争。

(9) 开放合作原则：积极参与国际网络空间治理，与国际社会合作，推动构建平等互利的全球互联网治理体系。

(10) 适度原则：在互联网内容审核与信息安全管理中保持适度，避免冗余和不必要的干预，使措施和手段与管理目标和要求相匹配。

(11) 透明原则：增强网络空间治理和信息安全管理过程的透明度，增强政策的可预见性和接受度，为社会公众和网络企业提供明确的政策导向。

这些原则在中国的各项法律、法规中得到体现，并指导着互联网内容审核与信息安全管理的实践活动。随着互联网的不断发展，这些原则也会随着环境和需求的变化而进行相应的调整和补充。

4.1.3　中国互联网内容审核与信息安全管理法律法规建设里程碑

中国互联网内容审核与信息安全管理的相关法律法规建设经历了相当长的过程，并在不断发展中逐步完善。以下是按照时间节点记录的一些重要的发展变化和里程碑。

(1)《中华人民共和国计算机信息系统安全保护条例》(1994 年)：是中国最早

的有关网络安全的法规之一，为随后的信息安全立法奠定基础。

(2)《互联网信息服务管理办法》(2000 年)：随着互联网服务的发展，该办法的推出标志着中国开始对互联网信息服务行为进行系统管理。

(3)《互联网电子公告服务管理规定》(2000 年)：针对论坛、贴吧等电子公告服务提出管理要求，对互联网内容发布行为有明确规定。

(4)《中华人民共和国网络安全法》(2017 年)：是中国网络安全管理的基石，覆盖网络产品的安全标准、公民个人信息保护、关键信息基础设施的保护等。

《中华人民共和国
网络安全法》

(5)《中华人民共和国个人信息保护法》(2021 年)：是中国专门为个人信息保护出台的第一部法律，标志着中国个人信息保护法律体系的形成，与《中华人民共和国网络安全法》和《中华人民共和国数据安全法》一道构成了中国网络空间安全的法律框架。

《中华人民共和国
个人信息保护法》

(6)《中华人民共和国数据安全法》(2021 年)：旨在加强数据处理活动的安全监管，确立了数据分类保护制度，是中国数据安全管理体系的重要组成部分。

(7)《未成年人网络保护条例》(2023 年)：营造有利于未成年人身心健康的网络环境，保障未成年人合法权益。

《中华人民共和国
数据安全法》

4.1.4 互联网内容审核与信息安全管理的主要法律法规

目前，在中国涉及互联网内容审核与信息安全管理的法律法规主要有以下几个。

(1)《中华人民共和国网络安全法》(以下简称《网络安全法》)：于 2017 年生效，这是中国首部以网络安全为主题的综合性法律，旨在确保网络安全，保护公民个人信息及单位的重要数据。

(2)《中华人民共和国数据安全法》(以下简称《数据安全法》)：于 2021 年 6 月 10 日颁布，自 2021 年 9 月 1 日起施行，规定了数据处理活动的安全规则和要求，明确数据处理活动中的权利与义务，强化了数据安全和数据交易的监管。

(3)《中华人民共和国个人信息保护法》(以下简称《个人信息保护法》)：于 2021 年 8 月 20 日颁布，自 2021 年 11 月 1 日起施行，着重保护个人信息，对个人信息的处理活动进行规范，并严格限定这些信息的跨境传输。

(4)《中华人民共和国著作权法》：为保护著作权而设立的法律，里面包含了针对网络环境下作品的保护措施。

(5)《互联网信息服务管理办法》：规定了互联网信息服务的管理要求。

(6)《互联网新闻信息服务管理规定》：对网络提供新闻信息服务的内容和行为进行规范。

(7)《关于加强网络信息内容生态治理的规定》：规定了对网络社交、网络媒

(7)《关于加强网络信息内容生态治理的规定》：规定了对网络社交、网络媒体、网络文化等领域内容进行审核和治理的相关要求。

(8)《网络安全审查办法(草案)》：加强对网络产品和服务的安全审查。

(9)《互联网文化管理暂行规定》：规范互联网文化市场，加强对网络文化活动的管理，维护国家文化安全和社会稳定。

(10)《互联网新闻信息服务单位内容管理从业人员管理办法》：这类规定通常涉及网站从业人员的资质要求、职责范围、行为规范等方面，要求网站加强对内容审核人员的管理。

(11)《互联网用户公众账号信息服务管理规定》：针对提供个人公众账号信息服务的平台和个人，规定了内容发布、信息安全等方面的要求。

(12)《互联网跟帖评论服务管理规定》：明确了对跟帖评论服务提供者和使用者的要求，加强对网络跟帖评论内容的管理，防止传播违法和不良信息。

(13)《互联网论坛社区服务管理规定》：对提供论坛社区服务的平台进行规范，明确了内容管理、实名注册、信息保护等方面的要求。

此外，国家互联网信息办公室设立了不良信息举报中心，负责受理网络不良信息的举报。

下面就对与互联网内容审核与信息安全管理关系最密切的几项法律或法规的相关条款进行说明和释义。

1.《网络安全法》与《数据安全法》

1)《网络安全法》

《网络安全法》是中国为了加强数据安全管理、保护数据安全、促进数据发展、保障合法权益、维护国家安全和公共利益所颁布的法律，于 2017 年 6 月 1 日起正式施行。它规定了与数据相关的安全规则和要求，同时也对互联网内容审核与信息安全管理提出了明确的指导和规范。该法律对互联网内容审核与信息安全管理方面的工作提出了一系列具体要求，主要涉及以下几个方面。

(1) 网络安全等级保护制度：《网络安全法》第二十一条规定实行网络安全等级保护制度。国家对网络根据不同的重要程度和风险程度进行分级。网络运营者需要按照要求进行安全保护，满足所定级别的防护要求。内容审核服务也需要满足相应的安全等级要求。

(2) 网络运营者的安全保护义务：《网络安全法》第二十二条至二十五条明确了网络运营者的安全保护义务，要求网络运营者建立健全用户信息保护制度，采取技术措施和其他必要措施保障网络安全，防范网络攻击、网络侵入等违法犯罪活动，防止网络数据的泄露、损坏和丢失。

(3) 关键信息基础设施的保护：《网络安全法》第三十一条至第三十六条要求国家对关键信息基础设施实行特别保护措施。关键信息基础设施的运营者在购买网络产品和服务时，应通过安全审查。此外，对个人信息和重要数据的存储与跨境传输也有明确的要求和限制。

(4) 个人信息和数据保护：《网络安全法》第四十条至第四十三条对个人数据和个人隐私保护做出了规定，要求网络运营者在收集和使用个人信息时，必须遵循合法、正当、必要的原则，并且要取得用户同意。同时，网络运营者需在发生数据泄露等安全事件时立即采取补救措施，并及时告知用户和有关部门。

(5) 网络信息内容管理：《网络安全法》第四十四条至第四十七条要求国家加强对网络信息内容的监督管理，网络运营者要加强网络信息内容的管理，及时处置违法信息，并记录其发布的时间、地点、内容等信息，并且要为公安机关提供技术支持和协助。

(6) 网络产品和服务的安全管理：《网络安全法》第四十八条至第五十一条对网络产品和服务的安全要求进行了规定，提出网络产品和服务不得安装恶意程序，并且网络产品服务商在发现存在严重安全缺陷或者漏洞时，应立即采取补救措施，并向用户和有关主管部门报告。

(7) 网络运营者的监督检查：《网络安全法》要求监管部门根据法律法规对网络运营者的网络安全进行监督检查。监管部门有权要求网络运营者采取消除安全隐患的措施，并能够对触犯相关网络安全法规的行为进行处罚。

(8) 法律责任：《网络安全法》明确了违反该法的法律责任，包括网络运营者未履行安全管理义务的、未经同意收集用户信息的、未采取措施保护用户个人信息安全的等情况，将受到警告、罚款、停业整顿、关闭网站等行政处罚，甚至可能涉及刑事责任。

(9) 公民和组织的权利与义务：《网络安全法》强调公民和组织在保护网络安全方面的权利与义务。公民的个人信息被侵权时，公民有权要求网络运营者删除信息或采取其他必要措施。

《网络安全法》的颁布及实施旨在创造一个安全、可信赖的网络环境，让个人信息得到更好保护，同时推动网络经济健康有序发展。对互联网企业来说，遵守这些法律法规是其运营的一部分，不能忽视任何一项要求，否则可能面临监管部门的处罚和用户的不信任。因此，互联网企业应积极采取措施，确保其业务实践与《网络安全法》的规定保持一致。

《网络安全法》对互联网企业的内容审核和信息安全管理提出了明确且细致的要求，着重强调了防范网络风险、保护用户个人信息、增强数据安全意识。企业在遵守这些规定的同时，通常还需遵循实施细则、行业规定及地方立法等更为具体的规定。

《网络安全法》的这些要求和规定为网络运营者和网民提供了明确的法律依据，同时设置了一系列监督机制保障网络空间的安全。而对于网络安全和信息内容管理的实施细则，需要结合具体操作及监管部门的进一步解释和指导办法来执行。这些法规对于促进网络科技的发展，维护国家安全和社会秩序，保护公民、法人和其他组织的合法权益扮演着重要角色。

不仅如此，《网络安全法》还要求相关企业和组织进行安全教育和技术支持，提高全民网络安全意识，这对于构建良好的网络环境同样至关重要。随着网络技术的快速发展，相关政策和指南也会不断更新，企业和个人需要不断关注最新的法律法规，确保自己的活动符合法律要求。

2) 《数据安全法》

下面是与互联网内容审核与信息安全管理相关的具体要求的详细讲解。

(1) 数据分类和分级保护：《数据安全法》要求建立数据分类保护制度，依据数据的重要程度划分不同的保护级别。对于不同等级的数据，需要实行不同等级的安全保护措施。这些措施对互联网平台或企业管理用户数据和自身生成的数据至关重要，确保敏感数据得到足够的保护，减轻数据泄露或滥用的风险。

(2) 数据处理者的责任：数据处理者需要依据法律法规的要求和数据的重要性及其操作风险，采取相应的技术措施和管理措施，防止数据泄露、篡改或丢失。这意味着互联网企业需要建立和完善内部的数据管理和审计体系，保证数据安全。

(3) 数据安全监管机制：法律明确了国家和地方各级数据安全的管理机构，这些机构负责数据安全的监督检查工作。对于互联网企业来说，必须遵守这些管理机构的监管规定，配合做好行业自律，实现合规经营。

(4) 数据安全事件处置：当出现数据安全事件时，数据处理者必须立即采取补救措施，并按照规定向有关部门报告。这对互联网内容审核与信息安全管理是一个重要要求，要求企业对可能出现的数据安全事件有快速响应机制。

(5) 数据出境安全：《数据安全法》对数据出境有特定要求，特别是对于关键信息基础设施运营者等处理重要数据的企业，需要在数据出境前进行安全评估。对互联网内容和服务平台而言，涉及跨境数据流动时，需遵守相关的数据出境规定和程序。

(6) 法律责任：法律明确了违法行为的法律责任，规定了对于违反《数据安全法》规定的行为，将依法追究相关责任人和单位的法律责任。这为互联网内容审核与信息安全管理提供了法律后果预期，增加了违规成本，也强化了企业合规的动力。

以上是《数据安全法》针对互联网内容审核与信息安全管理的一些主要要求。总体而言，《数据安全法》强调了数据安全的整体性和复杂性，要求所有数据处理者都需要采取一系列措施来确保数据的安全性和合规性。这部法律对中国境内的所有企业、机构和个人数据活动都有广泛影响，要求各方面都要高度重视数据安全，提升数据处理和管理的水平。

2.《个人信息保护法》

《个人信息保护法》是中国针对个人信息保护颁布的综合性法律，专门用于加强个人信息保护，规范个人信息处理活动，保障个人合法权益，维护公共利益。这部法律涉及个人信息处理的全过程，并且对互联网内容审核与信息安全管理方面提出了明确要求。《个人信息保护法》设定了违法行为的法律责任，包括警告、罚款、责任人处罚等多种形式，以威慑非法个人信息处理活动。

1)《个人信息保护法》的具体要求和详细释义

以下是该法律的具体要求和详细释义。

(1) 个人信息处理原则：《个人信息保护法》确立了合法、正当、必要的原则，不得超出处理特定目的的最小范围。所有的个人信息收集和处理活动必须有明确的目的，且限于该目的所必需的范围内。

(2) 个人信息的获取和使用：获取和使用个人信息需要遵守"明示同意"的原则，即处理者应当向个人信息主体告知信息的用途、处理方式等，并在无歧义的情况下得到个人信息主体的同意。这要求互联网企业必须明确通知用户其政策和实施细则，并且在获取用户数据时获取用户的明确同意。

(3) 最小必要性原则：《个人信息保护法》强调信息处理者不得收集个人信息超出其所提供服务的范围，并且必须限定收集信息的数量和范围到最小必要程度。

(4) 个人信息保护措施：法律要求个人信息的处理者必须采取技术和其他必要措施，确保个人信息的安全。这些措施包含但不限于建立健全个人信息保护制度、实行个人信息加密处理、对员工进行个人信息保护培训等。

(5) 处理敏感个人信息：对处理敏感个人信息(如种族、宗教、生物识别、医疗健康、金融账户等数据)的要求更为严格，必须确保有明确的处理目的和足够的保护措施，并且需要单独获得个人信息主体的同意。

(6) 数据安全事件的应急处理：在发生数据安全事件时，个人信息处理者需要立即启动应急预案，采取相应的补救措施，并且按照规定向个人信息主体和相关监管部门报告。

(7) 个人信息主体的权利：个人信息主体拥有查询、复制、更正、删除个人信息等的权利。处理者需要提供便捷的手段，以保障主体能行使其权利，不得设置不合理的条件。

(8) 特定个人信息处理者的责任：对于处理大量个人信息的特定企业，法律提出了更高的要求，比如设立专职个人信息保护负责人、开展个人信息保护影响评估等。

(9) 落实"知情同意"的要求：《个人信息保护法》强化了"知情同意"原则，要求处理者在采集个人信息时，明确告知信息主体个人信息处理的相关情况，并获得其明确同意。在内容审核过程中，这要求信息平台向用户清晰地展示隐私政策、用户条款和内容审查标准。

(10) 提供撤回同意的途径：个人信息主体有权在任何时候撤回其对于个人信息处理的同意。互联网企业应当提供简便的操作流程，保证用户能够轻松地执行这项权利。

(11) 数据最小化和限制目的：互联网公司在对用户信息进行处理时，应确保符合数据最小化的原则，即只处理实现服务所必需的最少量的数据，并且仅为了明确声明的目的使用这些数据。

(12) 个人信息的自动决策管理：对于基于个人信息的自动化决策(如依赖算法的推荐系统)，《个人信息保护法》要求必须保证决策的透明性和公平性，以及为信息主体提供易于理解的机制与方式，以确保他们能够了解相关决策逻辑并提出异议。

(13) 数据处理者的透明度义务：数据处理者需要披露其个人信息处理规则，允许被监管和被查询。这意味着互联网内容审核必须按照清晰透明的规则执行，并且用户应有权了解自己的数据如何被处理。

(14) 数据安全和个人信息保护的监督：《个人信息保护法》授权监管机关进行个人信息保护的监督、检查，并要求数据处理者配合这些监管活动。互联网企业需要接受监管部门的审查，并严格遵守有关个人信息保护的要求。

(15) 法律责任和惩处机制：违反法律的企业和组织，可面临罚款、赔偿责任甚至业务暂停等惩处。该法增强了数据处理者的合规动机，并通过罚款来起到震慑作用。

(16) 强化跨境数据传输的监管：对于跨境数据传输，要求通过国家认证的安全评估、签订合同以及符合监管要求的其他方式进行。对于在境外处理中国国内用户的个人信息的互联网公司而言，他们需要更加关注这些要求，并采取相应的合规措施。在进行跨境传输个人信息前，信息处理者需要通过安全评估、出境前的个人信息保护认证、与境外接收方签订契约等方式确保个人信息在境外接收方处得到足够的保护水平。

《个人信息保护法》强调了个人数据的保护和个人隐私权的重要性，要求企业在处理个人信息时遵循法律规定，同时为个人信息主体提供了广泛的权利和控制力。互联网企业包括内容平台、社交网络等需要合理设置内容审核机制，不仅是为了滤除不当信息，更是为了保护用户个人信息的安全和隐私。它们需要确保数据处理活动的合法性，提高透明度，增强个人信息保护意识，并始终遵守数据处理过程中的法律规定。

通过《个人信息保护法》的规定，中国的个人信息保护工作有了更清晰和严格的法律支撑。对互联网企业来说，这意味着必须更为严格地对待个人信息的收集、存储、利用和传播行为，并在内容审核与信息安全管理中，实现对个人隐私权的高度尊重和保护。所有处理个人信息的行为都受到严格的监管和约束，目的在于提升个人信息的安全性，并确保用户的信息自主权。

2) 涉及互联网内容审核与信息安全管理的整个法律法规体系建设遵循的原则和做法

除了以上的主要涉及互联网内容审核与信息安全管理方面的法律法规，根据网络环境、人文环境等因素的变化，会不断修正这些法律法规，也会不断出台新的法律法规及管理规定。总体而言，涉及互联网内容审核与信息安全管理的整个法律法规体系建设大致遵循以下原则和做法。

(1) 内容审核的基本原则：通常，法规要求互联网新闻信息服务提供者负责他们平台上内容的合法性。这意味着需要确保发布的新闻内容不违反国家法律和政策，不传播虚假信息，不损害国家利益，不破坏社会稳定，不侵犯他人的合法权益，等等。

(2) 新闻信息服务者的资质：法规有可能规定只有获得相应资质的机构和个人才能提供新闻信息服务。这些服务提供者需要得到相关监管部门的批准，并符合设立条件和运营要求。

(3) 信息内容的分类和管控：不同类型的新闻内容往往需要按照不同级别的严格标准进行审核。一些法规会对不同的新闻内容分类，并有针对性地提出相应的审核标准。

(4) 实时监控和违规处理机制：服务提供商通常要求建立有效的内容监控体系，对上传的新闻信息进行实时监控，并在发现违规内容时立即进行处理，必要时移除内容，并向相关管理部门报告。

(5) 账号管理和用户行为约束：法规可能会要求新闻信息服务提供者对注册用户实行实名认证制度，并对用户的发言和行为进行审核和管理，防止匿名发布违法或有害信息。

(6) 信息安全和个人隐私保护：法规有可能对新闻信息服务运营商在收集、存储、使用和分发用户个人信息方面设立严格的保护措施，以确保其遵守《个人信息保护法》和其他相关隐私法规。

(7) 责任和惩罚措施：一般会规定如服务提供者未能有效执行内容审核或未能保护用户信息安全，将面临法律责任和行政处罚，包括但不限于罚款、业务暂停、吊销许可证等。

(8) 合作与报告义务：法规要求新闻服务提供者与监管机构合作，如发现违法信息，需及时报告，并在必要时提供技术和其他形式的支持。

(9) 技术措施和风险评估：为防止网络攻击和信息泄露，新闻信息服务提供者需要采取相应的技术措施，建立数据保护和应急响应机制，定期进行风险评估。

3) 常见的、可能包含在类似规定中的要求和释义

另外关于加强网络信息内容生态治理的具体规定，通常会由国家互联网信息办公室或者类似的监管机构制定，并针对网络社交、网络媒体和网络文化等领域的不同特点，提出详细的内容审核和信息安全管理的要求。以下是一些常见的、

可能包含在类似规定中的要求和释义。

(1) 内容分类与规范：通常规定会对互联网内容进行分类，并对每一类内容设置审核标准，如新闻、论坛、博客、视频、直播等，确保内容不违反国家法律，不传播低俗、色情、暴力等有害信息，不涉及民族、宗教等敏感问题。

(2) 用户行为管理：规定可能要求平台对用户注册、发布的内容、互动行为等进行管理，包括实施实名制度、建立黑名单机制、设立用户行为规范等。

(3) 责任主体的明确：明确网络平台作为内容提供者和网络信息服务的管理者的责任，要求他们加强内部管理，配备相应的审核人员。

(4) 事前事中事后治理：要求平台对信息进行事前审核、事中监控及事后处理，一旦发现违反规定的内容能够及时响应并进行处理。

(5) 技术手段的使用：鼓励或要求使用先进的信息技术手段来辅助内容审核，如人工智能、大数据分析等，提高审核的效率和准确性。

(6) 隐私数据保护：要求平台严格遵守有关个人隐私和数据保护的法律法规，不非法收集、使用、泄露用户个人信息。

(7) 信息安全管理：要求平台建立健全信息安全管理体系，采取技术和管理措施防止信息安全事件的发生，如数据泄露、网络攻击等。

(8) 应急响应和违规处理：要求平台设立快速的应急响应机制，一旦发生违规事件，能够及时处置并减轻负面影响。

(9) 监管合作：要求网络信息内容服务提供者与政府监管部门密切合作，及时上报重大信息安全和内容违规事件。

(10) 法律责任：规定对违反管理规定的个人和组织将依法追究法律责任，可能包括行政处罚、刑事责任等。

整个涉及互联网内容审核与信息安全管理方面的法律法规体系，可能会根据国家、人民、环境和地区的需求及变化而随之优化。如果企业准备或正在从事相关工作，一定要及时了解中国的互联网信息内容生态治理规定，并查阅最新的官方法规文件或者咨询专业法律顾问。

4.2　互联网内容审核与信息安全管理的主管机构及其主要工作模式和相关要求

4.2.1　主管机构

除了前述的一些关键法律法规之外，中国在网络内容审核和信息安全领域也设立了专门的监管机构，并定期发布实施细则、指导意见和标准修订，便于实时监管和应对新的网络现象及挑战。中国的互联网内容审核与信息安全管理涉及多个部门和机构，主要包括以下几个部门。

1. 国家互联网信息办公室

国家互联网信息办公室(Cyber Space Administration of China，CAC)是中国最主要的互联网监管机构，负责协调和监督国家互联网内容的审核工作，执行网络内容相关法律法规，并且负责网络安全保护工作。

2. 工业和信息化部

工业和信息化部(Ministry of Industry and Information Technology，MIIT)负责制定和实施信息产业政策，管理互联网域名和地址，监管互联网服务提供商，以及行业标准的制定等。

3. 公安部

公安部对网络安全负有重要责任，包括打击网络犯罪，维护网络秩序和数据安全，保护公民个人信息不受侵害。

4. 国家市场监督管理总局

国家市场监督管理总局负责监督市场秩序和维护消费者权利。

5. 国家标准化管理委员会

国家标准化管理委员会主管全国标准化工作,负责组织制定和修订各种标准,其中包括互联网行业的标准，例如，关于个人信息保护的国家标准《个人信息安全规范》等。

6. 国家加密管理局

国家加密管理局负责制定加密技术的监管政策和标准，监督管理加密产品的使用，保障国家信息安全。

以上部门通常都会根据各自的职责范围，制定相应的法规、指导方针和标准，处理互联网信息安全事件，进行内容审核，并指导和监督互联网企业的相关工作。这些部门在实践中通常也会协同合作，配合执行互联网内容审核和信息安全的相关法规和标准。监管机构不仅执行现有的法规，还会针对网络环境的变化制定相应的管理指引和标准，实行动态管理。

(1) 发布管理条例草案：如对某些新兴领域(如深度伪造技术、短视频平台等)的管理征求意见稿。

(2) 清理不良信息行动：定期或不定期地开展网络"清朗"行动，对色情、暴力、谣言等不良信息开展集中整治。

(3) 安全审查：对重要数据出境、在中国运营的外国企业的产品和服务等开展安全审查。

4.2.2　主要工作模式

我国执法机构的主要工作模式具体如下。

(1) 跨部门联合执法行动：各部门之间会进行信息共享和联合执法行动。在重大网络安全事件或网络内容违法行为的查处中，安全、信息产业、市场监管等领域的官方机构可能会组成专项小组共同工作。

(2) 宣传指导和培训：不同的政府部门可能会定期举办培训和宣传活动，为互联网企业就如何遵守法律法规和最佳实践提供指南。

(3) 信息反馈管理：政府往往鼓励公众对违规内容进行举报，与此同时，这些部门也会建立监管反馈机制，促使互联网企业提升内容管理的效率和反应速度。

(4) 本土企业合作：中国的大型互联网企业(如腾讯、阿里巴巴、字节跳动等)均建立了复杂的内容审核体系，与政府紧密合作，以确保合规。

(5) 国际合作：在处理跨境数据流、打击网络犯罪等问题时，中国也与国际机构和其他国家政府开展合作。

随着互联网技术的发展和应用的深化，中国的互联网内容审核与信息安全管理相关标准的制定和执行日益严格和细化。企业和个人都需要密切关注相关法规的动态变化，以确保合规经营和个人信息的安全。

4.2.3　相关要求

1. 相关标准

除了我国已经发布执行的相关法律法规，中国监管部门会根据具体落实执行要求及时对行业发布管理细则和指导标准，目前有以下一些标准。

(1) 网络内容审核标准：包括《互联网新闻信息服务管理规定》《互联网直播服务管理规定》等，对不同类型的网络内容(如新闻、直播等)提出了审核标准和管理要求。

(2) 信息内容安全技术指南：包括《信息安全技术网络信息内容安全管理规范》等，为网络信息内容审核提供技术指南。

(3) 用户账号信息管理要求：包括《网络用户账号名称管理规定》等，对网络用户的账号注册、使用等提出了管理要求。

(4) 数据分类指南：主要指《数据安全法》中提到的数据分类和分级保护机制，未来可能会出台具体的标准和指南。

(5) 关键信息基础设施保护：对网络运营者在信息系统安全、数据保护方面提出要求。

这些标准构建了中国互联网内容审核与信息安全管理的基本框架，为监管部门对网络内容进行审查提供了法律依据。随着技术的发展和监管需求的变化，这些标准也在不断更新和完善。这一体系要求网络平台承担更多的内容监管责任，确保网络空间信息的合法、安全和有序。

2. 监管部门对互联网企业与互联网业务的要求

中国监管部门根据监管指导标准对互联网企业和互联网业务的具体执行要求非常详细和严格，涵盖了从用户数据保护到内容审核，从网络安全到业务合规等不同层面的规定，具体如下。

(1) 个人信息保护方面。企业在收集用户个人信息时，必须遵循合法、正当、必要的原则，在显著位置告知数据收集目的、方式和范围，并取得用户同意。要限制企业对个人数据的使用，仅允许出于收集时所声明的目的使用用户数据，并要求企业对处理的数据实施严格的安全保护措施。当企业需要跨境传输用户信息时，必须满足国家关于跨境数据传输的规定，如通过安全评估等。

(2) 内容审核方面。互联网企业要建立内容审核机制，及时发现并处理含有违法和污秽信息的内容，不得制作、复制、发行含有法律、行政法规禁止的内容。企业必须对用户生成的内容实施实时监控，对涉嫌违规的内容及时做出处理，必要时向有关监管机构报告。

(3) 网络安全方面。企业必须按照国家标准，为信息系统的运行提供必要的安全保障，包括服务器安全、数据加密、访问控制、入侵检测等，应建立应急响应机制，一旦发生网络安全事件，要迅速响应并采取措施，减轻损失，并向监管部门报告。

(4) 业务合规方面。互联网企业提供服务前，必须取得相应的行业许可证和业务经营许可，应遵守广告法律法规，不得发布虚假或者含有欺骗性的广告，保障广告的真实性和合法性。

(5) 青少年保护方面。互联网游戏企业要按要求落实防沉迷系统，限制未成年用户的游戏时间和消费。

(6) 知识产权保护方面。平台需尊重和保护知识产权，对侵犯版权的内容要及时处理。这些执行要求的实施需要互联网企业建立相应的内部监管机制，如技术手段的开发使用、职员培训、内部审核等，并定期进行自查自纠，以确保符合国家监管要求。关于执行的具体情况，由于涉及的法规和技术标准更新迅速，具体情况可能会有变化，建议定期关注相关部门发布的最新政策动态。

在互联网内容审核与信息安全管理方面，多家企业致力于遵守国家的法律法规，并采用了一系列创新措施来加强平台的内容管理和用户信息安全。表 4-1 总结了几个具有代表性的企业及相关措施。

表 4-1　几个具有代表性的企业及相关措施

企业	相关措施
阿里巴巴集团	技术手段：采用人工智能和机器学习技术自动识别和筛选违禁内容。 实名验证：对平台用户实施实名注册政策，提高追溯可能性。 安全基础设施：建立强大的安全基础设施(如阿里云提供的安全服务)来保护用户数据和防止未授权访问。 快速响应机制：建立了快速响应机制，一旦发现违规内容，立即进行处理
腾讯公司	内容监管团队：招聘专业的内容审核人员，并使用人工智能辅助，构建 7×24 的内容监控体系。 用户隐私保护：推行严格的数据保护政策，加密存储和传输用户信息。 安全宣教：定期举办网络安全宣传周等活动，提升用户的安全意识
字节跳动	算法筛选：利用先进的算法进行内容筛选，尤其是在旗下产品如抖音等平台上。 合规培训：对员工进行合规和法律方面的培训，确保内容发布的合规性。 内容监管团队：招聘专业的内容审核人员，并使用人工智能辅助，构建 7×24 的内容监控体系。 数据处理透明度：在某些产品中尝试向用户提供更清晰的数据收集、使用政策，增强透明度
百度	关键词过滤：采用关键词过滤系统阻止违禁信息的搜索和发布。 安全产品：提供多个安全相关的产品和服务，如安全浏览器、网盾等

这些公司在内容审核和信息安全管理方面的成功经验主要涵盖以下几个方面。

(1) 利用技术手段进行高效的内容审核，比如人工智能和自然语言处理技术。

(2) 与国家法律法规保持同步，确保内容监管策略的即时更新。

(3) 加强与政府机构的沟通与合作，响应法律法规的要求。

(4) 确保在收集和处理用户数据时执行高标准的隐私保护措施。

(5) 进行员工培训和公众教育，以确保公司内外的人员都有高度的安全及合规意识。

还有非常重要的一点，企业在行业内做得再好，也会面临不断变化的技术、法规和攻击手段带来的挑战，必须持续改进和升级其策略和技术。

4.3　内容安全管理标准的价值导向

中国在互联网内容审核与信息安全管理方面的价值导向一般与国家所倡导的

一系列原则和法律法规相一致。这些价值导向强调的是网络环境的和谐、社会稳定、国家安全、用户个人信息保护及道德伦理标准。为了实现这些价值导向，中国制定了多项法律、规章和国家标准，涉及内容管理和信息安全。以下是这些价值导向的几个关键点。

1. 道德伦理标准

为了维持网络环境的秩序和谐，中国互联网公司应坚持底线逐步提高道德伦理标准。

2. 维护正确的网络导向

这在内容审核方面体现为支持和传播能增强国家文化软实力和社会主义意识形态的内容，同时抑制和清除被认定为不良、垃圾、虚假信息等的内容。

3. 提升公众参与度和透明度

应鼓励公众参与到互联网内容监督中来。通过意见反馈系统和举报机制等手段，公众可以对违法违规内容进行举报。这增加了互联网企业审核内容的透明度和公众监督的可能性，鼓励企业对自身的内容审核政策进行公开，提高平台的责任感和公信力。

4. 加大对违法和不良信息的打击力度

随着技术的进步和用户的增加，网络中的违法和不良信息也变得更加复杂多变。中国持续加大打击力度，通过立法、执法、技术监控和社会治理等多种手段，形成对违法和不良信息强大的威慑力和打击力。

5. 关注网络空间的公正与合理性

为了提升网络空间的公正与合理性，保护个体和群体的合法权益，必须确保信息的自由流通同时受到合理监管。中国法律越来越强调保护用户权益、反对网络霸凌、打击网络诈骗等，以营造健康、有序的网络环境。

6. 构建全民网络安全意识

面对复杂而多变的网络安全环境，个人用户的安全素养同样重要。中国可能会加强对网络安全教育和普及工作的投入，提升全民网络安全意识。通过教育、媒体宣传等方式，引导民众正确使用网络，提高识别和防范网络风险的能力，这不仅有助于个人保护自己的数据安全，也有助于维护整体的网络安全。

基于上述价值导向和法规框架，中国的互联网企业在内容审核和信息安全管理方面采取了严格的措施，包括设立监管团队、利用技术手段对内容进行筛选和监控、执行用户信息保护措施等。通过这些措施，企业们旨在实现法律要求的同时，保护用户的利益，维护良好的网络秩序。

4.4　企业互联网内容审核与信息安全管理制度建设

企业应遵循中国的法律法规和社会主义核心价值观，把和谐、稳定、安全、道德伦理和正确导向融入互联网内容审核与信息安全管理的全部领域，从内部管理到用户互动，从技术应用到公共教育，共同构筑健康、积极的互联网环境。

针对中国在互联网内容审核与信息安全管理方面的价值导向，企业在制定互联网内容审核与信息安全管理标准时，应当综合考虑国家的相关法律法规、价值导向及技术可行性等因素。表 4-2 是企业应遵循的价值导向、原则及相关措施。

表 4-2　企业应遵循的价值导向、原则及相关措施

价值导向	原则	相关措施
构建和谐的网络环境	创造一个文明的交流空间	推动正面内容的生产和消费，鼓励用户发布有益于社会和谐、文化积极的信息；利用技术手段加强自动化审查
维护社会稳定和国家安全	尊重和保护国家的安全利益	严格审核可能危害社会稳定或国家安全的内容，包括展示有关法律知识的教育内容来提高用户对法律界限的认识
保护个人信息	合法、合规地收集、存储、使用和传输个人信息	尊重用户隐私权，确保收集、使用和存储过程符合《个人信息保护法》等相关法律法规；要求用户实名注册，便于跟踪和管理风险账号；通过数据加密、访问控制和其他技术手段来保护用户数据不受侵害
建立道德伦理标准	遵守道德伦理标准	建立道德委员会或类似机构，专门负责监督公司的道德标准，确保业务操作不违背道德伦理；对内部员工进行道德伦理培训，鼓励他们在工作中持续展现高标准的职业行为
维护正确的网络导向	践行社会主义核心价值观，遵循法律法规，传播积极的思想和价值	形成健康的内容生态，引导用户生产和传播能体现社会主义核心价值观和文化正能量的内容；在产品设计中纳入价值导向，比如推送和优化有益社会主义建设和精神文明建设的内容
提升公众参与度与透明度	鼓励公众参与互联网内容监督工作	对外公开透明度报告，包括内容审核的标准、流程、结果及处理内容的统计数据；利用多种渠道收集用户意见，包括在线调查、社区论坛等，提升公众对政策制定过程的参与度

价值导向	原则	相关措施
加大对违法和不良信息的打击力度	持续加大打击力度，形成对违法和不良信息强大的威慑和打击力	确保审核团队对最新法律规定和技术手段有充分认知；引入用户举报机制，对于被举报的内容进行快速响应；合作伙伴和执法机构共同工作，提高打击违法信息的效率和准确性
关注网络空间的公正与合理性	确保信息在自由流通的同时受到合理监管	确保所有用户在平台上都能享有公平发声的机会，防止出现任何形式的歧视或审查过度；保证内容审核过程的透明性，向用户清晰地解释审核标准和删除内容的理由；通过用户教育和支持合法利益的措施，保护用户免受网络欺凌和诈骗
构建全民网络安全意识	加强对网络安全教育和普及工作的投入，提升全民网络安全意识	开发网络安全教育材料和工具，提升用户的网络安全知识和技能；定期举办公众讲座和研讨会，倡导安全上网习惯，提高公众对网络安全重要性的认识

通过实施上述措施，企业可以在确保遵守中国法律法规和价值导向的同时，营造一个健康、安全的网络环境，保护用户个人信息，同时促进正面内容的传播，为社会的稳定与发展做出贡献。

中国的互联网内容审核与信息安全管理模式是在国家的特定社会政治环境下形成的。这种模式反映了中国政府对于互联网的治理方式、重视国家意识形态安全、社会秩序、网络文化发展和个人信息保护的一系列复合型考量。这并不是一个独立的现象，而是全球范围内面对数字化挑战的国家所采取的各式互联网管理措施中的一种。

在实施互联网内容审核与信息安全管理的过程中，中国采取了相对集中和有序的管理策略，制定了精确的法规和规章制度，并要求企业严格执行。同时，随着技术的发展和国民意识的提升，管理手段也在不断优化，例如，使用更先进的算法进行内容筛选和使用大数据分析来预测和解决信息安全问题。

企业在执行中国互联网内容审核与信息安全管理方面的价值导向时，需要在保护国家和公民利益的同时，不断调整和优化策略，以响应法律的变化、技术的进步和用户需求的演变。业内企业要发展创新型的管理模式，以在全球化竞争中保持竞争力的同时，确保平台和网络空间的健康发展。

随着互联网技术的不断发展和全球信息化程度的加剧，中国的互联网内容审核与信息安全管理策略及企业的执行方式，将继续对世界其他国家和地区在类似领域的政策制定产生影响。企业和政府部门都需要密切关注这些动态，不断从实践中学习和改进，以更好地适应数字时代的发展需求。

第 5 章

互联网内容审核与信息安全
管理的考核

5.1 构建标准框架

构建管理标准框架大致可以分为准备阶段、标准框架构建阶段、实施与执行阶段、监测评估阶段、调整优化阶段 5 个阶段。

1. 准备阶段

在准备阶段，要确立一个全面的、合规的和符合现实的计划。准备阶段的具体工作如表 5-1 所示。

表 5-1　准备阶段的具体工作

项目	主要方式	关键方法
确认合规性	● 组建跨部门法规合规小组，构成成员包括法务、IT 安全、运营及高层管理等； ● 列出所有适用于企业的法律法规和标准清单，并更新至最新状态； ● 进行合规性审查，确定企业现有政策与法律法规的差距	● 为每项法律法规指派负责人，以实现监控和更新； ● 定期举行法规合规会议，审视动态变化并迅速采取措施适应； ● 设置合规性检查点，确保业务流程关键节点的合规性
评估企业现状	● 进行全面的内部审计和风险评估，分析企业现有的信息安全实践和内容审核流程； ● 使用工具(如 SWOT 分析)了解企业的内外部情况； ● 识别企业现有措施中的优点和不足，并记录所有识别出的风险与安全漏洞	● 制定执行时间表，定期进行风险评估和审计工作； ● 为识别和解决安全漏洞制订具体计划，并分配资源执行； ● 通过错误报告和漏洞披露程序等鼓励员工报告问题
评估资源和能力	● 明确管理信息安全和内容审核所需的具体资源，包括财务预算、员工培训、软硬件投资等； ● 评估当前员工的技能水平及可能存在的技术缺口； ● 对现有的信息处理和内容审核技术进行评估，确定是否适用于新制定的政策和流程	● 制订系统资源和能力管理计划，对所有资源进行分类和优化配置； ● 动态调整培训计划和发展策略，以弥补能力差距； ● 编制技术基础设施投资预算，制订长期发展计划

2. 标准框架构建阶段

在标准框架构建阶段，重要的是确立清晰的标准，并通过文档化、培训、审核和不断的评估来确保这些标准能够在组织内部得到正确的应用和持续改进。企业需要建立一个监督机制，定期检查流程的有效性、技术的适用性及每个阶段的执行情况，以便做出必要的调整。确保标准框架落实到位还需要综合的管理、持续的培训、定期的审核，以及领导的大力支持。

构建阶段的具体工作如表 5-2 所示。

表 5-2　构建阶段的具体工作

项目	主要方式	关键方法
制定管理原则	● 组织多部门会议，参与部门包括法务、风险管理、IT 安全、人力资源等，确保各方面的需求被考虑到； ● 审查其他同行业组织的最佳实践及行业标准，将适用的原则纳入管理标准； ● 制定文档化管理原则，并通过管理层审批，获取高层对核心原则的支持	● 将管理原则整合到公司文化和日常操作中； ● 通过企业内部培训和宣传活动向所有员工传递企业管理原则； ● 确保所有政策和程序符合企业管理原则
制定政策	● 聚焦于制定信息安全策略和内容审核方针，由专门的团队或委员会负责； ● 政策内容应涵盖数据处理的完整性、保密性、可用性、合法性和透明性； ● 设立审查与批准流程，确保政策得到管理层的支持； ● 制定以风险控制为基础的信息安全政策，明确公司的安全目标及责任； ● 制定内容审核方针，包括明确内容审核的标准、范围和责任部门； ● 将政策文档化，并由高级领导审批	● 安排培训和宣传活动，确保所有相关人员熟知政策； ● 定期审查、评估和更新，以确保其持续有效； ● 通过内外部审核跟踪政策执行情况
建立流程和程序	● 明确细化信息安全管理和内容审核的流程步骤，以确保一致性和有效性；	● 对关键员工进行流程操作的培训和演习，让员工清楚地理解各自的角色和责任；

(续表)

项目	主要方式	关键方法
建立流程和程序	● 编写详尽的流程文档，包括标准操作程序(SOPs)、任务分工和责任链，并对其进行测试以保证流程的可行性和有效性； ● 为可能发生的安全事件，比如数据泄露或网络攻击，制定紧急响应预案，以确保针对潜在安全事件的迅速反应	● 进行流程测试和定期的预案演练，以评估流程的实际可行性和有效性； ● 定期进行演练，以确保应急预案的有效性
确定标准、选择或设计解决方案	● 评估和选择技术解决方案，确保这些技术符合行业标准，并满足组织需求； ● 确定技术标准，比如加密、访问控制、网络安全和数据保护等； ● 评估现有技术方案，决定是否需要引进新的内容审核工具或信息安全解决方案； ● 参考市面上的解决方案、行业标准、安全框架，以确定最合适的技术规定； ● 开展技术验证测试，确保选择合适的技术； ● 制订技术监控和维护计划	● 持续更新技术，定期提供员工的技术培训； ● 通过定期的技术审计和性能评估确保技术的适当运用； ● 当选择新技术或工具时，进行详细的需求分析、厂商评估和试点； ● 确定由可靠的技术团队来运行和维护技术解决方案； ● 确保所选择的技术解决方案能够集成进现有的业务流程，并提供必要的培训
建立监督和反馈机制	● 设立内部监控系统(如 KPIs[①]和仪表板)，以实时监控信息安全和内容审核的执行状况； ● 创建明确的通道，允许员工、顾客和其他利益相关者提供反馈	● 定期审查监控数据，评估政策和流程的效果； ● 设立一个明确的环节来处理收到的反馈，并且确保反馈被有效地用于持续改进

3. 实施与执行阶段

实施与执行阶段的成功依赖于具体的动作计划、持续的培训和教育，以及强有力的监控。实施与执行阶段的具体工作如表 5-3 所示。

---

① KPIs 一般指关键绩效指标，是可以帮助企业评估其业务绩效、制定业务策略并制订改进计划。

表 5-3　实施与执行阶段的具体工作

项目	主要方式	关键方法
员工培训	● 设计一套全面的培训计划，包括信息安全和内容审核的基础知识、相关的公司政策、具体操作流程及个人责任等内容； ● 采取多种培训方式，如网络培训、现场教学、小组研讨等，确保适合不同员工进行学习； ● 通过测试、考核及实践活动，验证培训效果	● 培训纳入新员工入职流程和年度必修课程，确保每位员工都能接受培训； ● 设定定期复训机制，确保员工不断学习新知识； ● 确立奖惩机制，激励员工遵守信息安全和内容审核的规定
技术部署与优化	● 创建一个跨部门的技术实施团队； ● 根据之前的评估和测试，部署相应技术解决方案，包括硬件、软件和网络系统； ● 配置和调整这些系统以优化性能，定期进行测试和维护	● 监控技术系统的性能，以满足预定的安全要求； ● 设立预警系统和实时监控机制，快速发现并解决技术问题； ● 定期进行系统审查和升级，以应对新的威胁和挑战
制度实施	● 将信息安全和内容审核流程正式写入公司规程，并进行详细说明； ● 通过内部沟通平台广泛宣传流程和规程，确保每位员工都清楚自己的职责； ● 对流程的执行情况进行监督和记录，包括例行的自检、交叉检查和内部审计	● 给予员工执行规定的必要资源和支持，包括访问相应工具和流程的权限； ● 通过设定明确的 KPIs 和定期的业绩回顾，跟踪执行情况； ● 对不遵守规定的行为执行有力的纠正措施，防止发生潜在的信息安全事件

4. 监测评估阶段

在监测评估阶段，组织对已实施的措施进行效果检查，以确保管理标准得到正确执行，并且其效果符合预期。评估的目的不仅是检查流程是否得到遵守，更重要的是识别存在的问题，并根据反馈对现有的政策和程序进行持续改进。监测评估阶段的具体工作如表 5-4 所示。

表 5-4 监测评估阶段的具体工作

项目	主要方式	关键方法
效果评估	● 确立一组评估标准和指标(如遵循率、审查准确度、员工满意度、客户投诉量等); ● 制订定期检查计划,包括日常监控和定期审计等多层次的评估手段; ● 实施内部审计,调查现有流程的执行情况,包括随机抽查、员工访谈等; ● 委托第三方审计机构进行客观、独立的评估,以增强评估结果的公信力	● 密切跟踪关键监控指标,并将结果报告给管理层,以支持决策; ● 将评估结果通告给所有员工,提升透明度和员工的参与感; ● 将效果评估的结果与员工的激励体系相挂钩,确保目标的一致性
持续改进	● 创建一个跨部门团队或者委员会,专注于根据监测数据和反馈不断改进策略和流程; ● 对于识别的问题,制订实施改进计划,并设定时间表和责任人; ● 尝试用新的方法或者技术来解决安全管理的痛点	● 定期审查改进计划的执行情况,并调整事项,以保证时效性和有效性; ● 通过实施改进措施后的再评估来验证改进的成效; ● 鼓励员工提供改进建议,并建立奖励机制,奖励那些对流程改善有贡献的员工; ● 建立强大的信息系统来收集、分析和报告数据; ● 建立开放的沟通渠道,鼓励员工报告问题和提出改进建议; ● 倡导以结果为导向的文化,强调数据驱动的决策制定和持续改善的重要性

5. 调整优化阶段

调整优化阶段是一个动态的、持续的过程,以期保持管理体系的活力。反馈机制的建立、迅速响应及对最新行业发展的跟踪都是必不可少的。为了确保调整优化阶段的工作得到有效执行和落地,要保持高层领导的支持,确保他们时刻关注进展并提供必要资源。另外,要制订渐进式改进计划,避免一次性大幅度改变,减少对组织运作的干扰。同时,要面向整个组织进行持续的沟通,使所有相关人员了解改进的必要性、目的及进展情况。调整优化阶段的具体工作如表 5-5 所示。

表 5-5　调整优化阶段的具体工作

项目	主要方式	关键方法
响应反馈	● 建立一个正式的反馈渠道,方便员工、客户和监管机构提交反馈意见; ● 设立一个团队,负责收集、整理和分析所有反馈,以识别共同问题和改进点; ● 对于收到的反馈,定期做定性和定量分析,以确定需优先处理的事项	● 快速回应关键反馈,对涉及的个案进行彻底调查,并采取必要行动; ● 如果需要,更新相关的政策、流程和技术,并确保所有相关人员了解这些改进措施; ● 记录所有反馈、响应和后续行动,以供今后查证和持续改进
持续学习与发展	● 建立一个监控系统,定期获取最新的行业新闻、研究报告和新技术信息; ● 鼓励员工参加研讨会、会议和培训,增强他们的专业能力; ● 定期审视公司现行的操作模式和工具,确保它们适用于当前的业务环境和技术水平	● 制订年度学习和发展计划,并预留相应的预算和时间资源; ● 跟踪员工参与培训和行业活动的情况,并记录学习成果; ● 引入内部分享会或研讨会机制,让员工分享他们学习的新知识和见解; ● 设立明确的目标和衡量指标,评估改进措施的效果

5.2　标准案例模板

我们已充分了解有关建立并实施一整套"互联网内容审核与信息安全管理"体系标准的构建思路、工作开展的主要方式和确保执行的关键方法。表 5-6 是一个标准案例模块及解析,供读者参考学习。

表 5-6　标准案例模块及解析

模块	解析
模块一:基础框架	—
1. 引言	—
目的	明确管理标准的主要目的和所追求的结果; 说明这项标准旨在改善什么业务流程、提升哪些管理水平或者缓解哪些风险
范围	界定标准的适用领域,包括受影响的业务单元、技术系统和组织地理位置; 详述包含和排除项,确保所有相关方都清晰理解标准的施行边界

(续表)

模块	解析
参考标准	列出所有引用的行业标准、法律法规和最佳实践指南； 确保参考文献是最新的，并与实际的业务环境和法律环境保持一致
2. 术语和定义	—
专业术语	收集和列出所有与管理标准相关的专业术语； 提供明确的解释或引用权威定义，以消除多义性和歧义
定义	对关键概念和重要词汇进行定义，确保所有相关参与者对所用词汇有共同的理解； 定义应具体、清晰并易于解读，以便于非专业人士理解
3. 组织架构与职责	—
管理层职责	确定高级管理层的责任，包括制定政策、分配资源、监管实施与执行； 描述管理层参与决策、评估风险和处理重大问题的具体职能
员工职责	明确每个级别员工在审核和安全管理中的角色和职责； 明确员工须遵守的行为规范、培训要求和职业道德
部门划分与职能	详细划分部门，并为每个部门制定具体任务和业务范围； 描述各部门内部的协作机制和工作交接点，确保信息流畅且各部门协同工作
模块二：内容审核管理	—
1. 内容审核标准与规则	—
内容分类	构建详尽的内容分类体系，包括但不限于政治、宗教、色情、暴力、广告等类别，并为每一类别定义明确的界定标准； 明确每一分类的处理优先级和敏感程度； 确保审核人员可以快速并准确地识别
审核标准	详细定义每种内容类别的审核参考标准，包括可接受的言论范围、禁止内容的具体描述等； 标准必须符合当地法律法规，并顾及道德伦理、文化差异及社会影响
例外处理程序	设立明确的例外处理流程，比如新闻价值、艺术表达等特殊情况的识别和处理； 规定例外事项的上报机构、上报标准及上报后的处理流程等
2. 审核人员管理	—

（续表）

模块	解析
人员选拔与培训	设定严格的人员选拔机制，确保审核人员具备必要的资质、敏感度和责任感； 实施系统性培训，不仅包括审核标准的掌握，还涵盖法律、心理学等相关知识
工作环境	提供符合健康标准的工作环境，减少审核过程中可能产生的负面影响； 增设必要的物理和信息安全措施，确保审核内容和用户隐私保护
心理健康支援	提供心理健康支持和咨询服务，帮助审核人员应对工作压力和可能的心理创伤； 定期开展心理健康培训和疏导活动，以提升审核人员的福利
3. 审核流程与技术	—
审核工具与系统	采用高效的审核工具和系统，自动化处理大量内容，以提高审核的准确性和效率； 系统必须具备高度灵活性，能够快速适应不断变化的审核标准和内容形式
流程设计与执行	设计清晰、透明的审核流程，减少人为错误，并提供流程追踪和审核追溯功能； 定义每个阶段的时间标准和质量标准，确保流程能够稳定、可靠执行
用户申诉处理机制	建立健全的用户申诉处理机制，包括申诉渠道、处理流程和时限； 设立专门团队处理申诉，确保每份申诉都得到公正、及时的处理，并给出反馈
模块三：信息安全管理	—
1. 安全策略与程序	—
信息安全政策	制定全面且详尽的信息安全政策，明确组织的安全目标、原则、职责分配和管理框架； 政策应覆盖所有相关的法律法规、业务需求和契约约束，并定期更新以反映技术和业务环境的变化
数据保护措施	确立针对不同类别数据的保护措施，包括技术性措施(如加密、数据脱敏等)和管理性措施(如权限申请、审计等)； 制订数据泄露应对计划和通报程序，以应对可能的安全事件
安全意识培养	设计和实现安全培训计划，提升全体员工的安全意识； 不定期举行演练和社会工程试探，检验培训效果并提高员工对各类安全威胁的警觉性

(续表)

模块	解析
2. 系统与网络安全	—
系统安全管理	建立和维护系统安全框架，确保所有信息系统按安全最佳实践设计、实施和运营； 定期进行系统漏洞评估，并应用必要的补丁进行更新
网络防护措施	实施全面的网络防护措施，包括防火墙、入侵检测/预防系统(IDS/IPS)和网络流量监控； 定期评估网络防护能力
业务连续性及灾难恢复	制订业务连续性计划和灾难恢复策略，确保关键业务在可能的安全事件中迅速恢复； 定期进行业务连续性测试和演习，确保计划的有效性和可执行性
3. 身份与访问管理	—
访问控制政策	制定严格的访问控制政策，确保员工仅能访问其工作所需的信息和资源； 持续监控访问控制政策的执行情况，及时调整以符合变化的业务需求
身份验证机制	实施强大的身份验证方法，如多因素认证(MFA)，来加强账户安全； 确保所有身份验证系统的设计能够抵抗当前的攻击手段，并定期更新机制以对抗新的威胁
安全监控与报告	建立综合的安全监控体系，实时捕捉和分析潜在的安全威胁； 实现自动化的安全事件报告机制，以快速响应和处理安全事件
模块四：监测与评估	—
1. 性能监测	—
监测指标制定	制定与组织目标和关键业务流程紧密相关的性能监测指标，包括效率、效果、质量等； 确保指标清晰、可量化，同时具有实时性和预测性
监测系统实施	实施综合的监测系统，对关键业务数据和工作流程进行实时监测； 系统应具备数据收集、处理、展示和报警功能，以支持快速响应和决策
2. 审计与评估	
内部审计	定期进行内部审计，以确保组织各项操作符合既定的政策和程序； 审计应涵盖财务、运营、合规等所有相关方面，并在发现问题时提出改进建议

（续表）

模块	解析
第三方审计	定期委托外部专业机构进行第三方审计，以获得客观和独立的评审； 第三方审计通常针对特定领域，如财务报表、信息安全等，以增强公信力
效果评估报告	审计结束后，应生成详细的效果评估报告，报告应展现审计的发现、分析结果和改进建议； 定期将报告提交给管理层，必要时公开透明地向其他利益相关者呈现
3. 持续改进计划	—
改进方案	根据监控和审计的结果，识别改进机会，并制订有针对性的改进方案和行动计划； 方案应明确改进目标、执行步骤、责任分配和时间表
执行跟踪	实施项目管理和进度追踪机制，确保改进计划按要求执行，并在必要时进行调整； 跟踪机制应允许管理层及时了解执行状态，并对进度滞后问题进行干预
成效验证	执行完成后，应用事先定义好的指标进行成效验证，确保实现预定目标； 评估改进活动的影响，并根据结果进行必要的调整和标准化
模块五：调整与优化	—
1. 反馈管理	—
反馈收集与分析、反馈响应流程	方法：采用调查问卷、客户服务记录、社交媒体监控、员工会议等方式，制定标准化的反馈收集流程。 工具：利用在线反馈工具、数据分析软件和 CRM 系统等辅助收集和分析反馈数据。 分析：定期对收集的反馈进行分类和优先级排序，并对其进行定性和定量分析。 建立：建立一套标准化的反馈响应机制，确保每个反馈都能得到及时和适当的回复和处理。 培训：训练客户服务人员和其他相关员工，确保他们了解和能够正确应用反馈响应流程
改善记录与追踪	记录：所有的反馈响应和随之而来的改善措施都应该被记录和文档化。 追踪：实施 KPIs 和定期的审核流程来评价改善措施的执行情况和有效性

（续表）

模块	解析
2. 持续发展	—
新技术追踪	研究小组：组建专门团队或指派专人跟踪新技术发展，并定期分享报告
新技术追踪	合作：与技术厂商、高校、研究机构合作，保持在新技术领域的领先地位
行业动态关注	信息平台：建立或订阅行业信息发布平台，保持行业动态更新。 分析情报：定期进行行业情报分析，了解竞争对手的动向和市场的变化
员工发展与培训	发展计划：每个员工都应该有个人发展计划，与公司的整体发展战略相匹配。 持续教育：提供在职训练、线上课程、工作坊、会议等多种形式的学习资源
3. 交流与分享	—
行业协会参与	积极参与：鼓励员工加入行业协会，并积极参与行业活动。 组织交流：承办或参与主办与行业相关的研讨会、交流活动和展览
内部知识分享	分享机制：建立内部知识分享的平台和机制，如定期的小组会议、内部网络论坛等。 鼓励分享：对分享优秀经验和知识的员工进行嘉奖，以此来鼓励知识的内部流通
最佳实践吸收	学习：跨部门学习交流，确定行业内最佳实践，并考虑如何在本组织中应用。 改进：对标行业最佳实践，结合实际，持续优化组织工作流程和业务性能

通过上述这些方式，可以将内容审核和信息安全管理的标准化模块进一步落实到日常业务操作中，以确保企业达到高效运营和合规性要求。

这5个模块内容很多，同时每一个模块又是一套单独的管理标准。以模块五为例，模块五包含的"反馈管理""持续发展"和"交流与分享"可以被看作相对独立的管理体系，每个模块都具有其特定的聚焦点和管理要求。表5-7是每个模块的详细解读。

表 5-7　模块详细解读

项目	管理标准含义	核心要素
反馈管理	作为一个独立的管理体系，重点是建立和维持一个系统性收集、分析和响应客户、员工和其他利益相关者反馈的流程，以及据此进行的持续改进	● 收集机制：确保能够广泛、公平、有效地收集反馈。 ● 分析流程：分析反馈内容，提炼出价值信息和改进的方向。 ● 响应措施：对反馈进行响应，包括感谢、核实和实施改进措施。 ● 改进循环：记录改进成效，持续优化反馈管理流程
持续发展	关注通过新技术、行业趋势和员工成长来推动企业的长期发展和竞争力提升	● 新技术战略：跟踪评估和整合适合的新技术，以维持业务创新和领先地位。 ● 行业动态监控：关注和分析行业趋势，以适应市场变化和竞争者策略。 ● 员工发展规划：投资于员工的职业发展和技能提升，以构建知识密集型的劳动力
交流与分享	强调通过内外部知识共享来加强组织能力和行业影响力，增进创新思维和最佳实践的内部吸收	● 行业协会互动：通过行业组织的网络交流合作，增强行业联系和影响力。 ● 知识共享机制：构建企业内部的知识共享平台和文化，促进经验教训和成功案例的传播。 ● 最佳实践采纳：实施业界最佳实践，以提升工作效率和质量

　　因此，各模块虽然独立，却又紧密相连，形成了一个互动、互补，并可以持续优化的企业管理生态系统。反馈管理可以为持续发展提供关键信息，持续发展的新技术和趋势分析可以成为交流与分享的内容，而交流与分享又能够促进企业文化的建设，增强员工对反馈管理和技术发展的参与和认同。实践中，不同企业会根据自身业务的特点和需求，适当地调整和整合这些模块，从而实现最佳管理成效。

5.3　涉及的具体业务

　　要将以上制度落实到具体的业务上，还会涉及以下几个方面的具体工作。

1. 内容审核制度执行

(1) 审核标准建立：制定明确的内容审核标准，符合法律法规和行业规范，涵盖所有相关的内容类型和业务领域。

(2) 审核流程梳理：将内容审核流程具体化、流程化，确保每一步都有明确的操作指引和质量控制点。

(3) 技术工具应用：选择或开发高效的内容审核工具，包括人工智能过滤、数据库匹对、自然语言处理等技术，以提高审核效率和准确性。

(4) 培训和评估：对内容审核团队进行定期培训，保证他们对审核标准的理解和执行，并定期评估其审核工作的质量和效率。

(5) 应急预案：制定内容风险管理和应急预案，确保在内容问题出现时，能够快速做出响应并采取措施。

2. 信息安全管理工作

(1) 安全政策制定：制定全面的信息安全政策，包括访问控制、数据保护、网络安全和物理安全等方面。

(2) 数据保护措施：实施数据加密、定期备份和数据访问控制，确保用户数据的安全。

(3) 安全技术运用：使用防火墙、入侵检测系统、安全信息和事件管理系统(SIEM)等先进技术，防止安全威胁。

(4) 安全意识培训：对全体员工进行信息安全意识培训，帮助他们理解信息安全政策，并能够在工作中遵守。

(5) 定期审计与评估：定期进行安全审计，发现潜在的安全漏洞和风险点，并进行及时的改进。

3. 业务具体化操作实施

(1) 业务流程融入：将上述标准和流程充分融入公司的日常业务流程，确保从高层到一线员工都遵循标准化流程。

(2) 实操案例分析：定期举行工作坊和会议，分享实际案例，分析内容审核和信息安全工作中的实际问题，从而不断优化流程。

(3) 跨部门协作：强化跨部门之间的协作机制，保证内容审核和信息安全工作涉及多部门时能高效协调和执行。

(4) 用户反馈积极应用：积极倾听用户反馈，及时调整内容审核标准和信息安全措施，以确保及时响应用户。

(5) 法律法规跟进：与法律顾问密切合作，审查最新的法律法规变化，确保所有的操作不仅服务于公司利益，也符合法律要求。

5.4　信息安全管理流程

互联网内容审核行业的信息安全管理流程是一个复杂且重要的过程，需要从多个方面进行深入的管理和维护。以下是我们在信息安全的管控过程中需要注意的，包括信息接收、信息分类、信息存储、信息传输和下发、信息使用、信息销毁等多个环节。

5.4.1　信息接收

在互联网内容审核行业中，信息的收集是信息安全流程的第一步。需要收集大量的信息，包括监管部门的指令要求、社会面的舆情风险信息、用户信息、审核标准和规范、境外反动违法违规信息等。在接收信息时，团队应该首先对信息的保密和安全进行关注，确保在信息接收层面能够做到安全、最小化。例如，建立专门的信息或指令处理小组。同时，应采取必要的技术手段，如数据脱敏、加密等，对需要下发和传播的信息进行分层管理，确保信息在传输和存储过程中的安全性和机密性。

例如，可以要求除个人创建的用于学习提升的文件以外(个人学习文档默认非公开，即默认最低级别)的，任何公布到相应群体并共同使用的文件均需遵守保密制度；文件须在一级标签或抬头上备注等级，并按照等级严控权限要求；因未备注等级、备注等级但未遵循权限要求导致的信息泄露，将根据产生的不同后果追究所有者及传播人的责任，责任包括但不限于通报批评、绩效处罚、辞退及追究法律责任；建立并遵守保密制度的文档需进行登记，登记表由所有人的直属领导创建、维护、定期核查权限落实。

5.4.2　信息分类

对收集或接收到的信息进行分类是信息安全流程的重要环节之一。团队内应根据信息的敏感程度和重要性，将信息分为不同的类别，如机密、秘密、内部资料等，或 S0、S1、S2 等。对不同类别的信息，应采取不同的保护措施，如限制访问范围、限制访问权限、根据业务线或审核内容的不同进行权限区分，以及加密、访问控制等，以确保信息的安全性和机密性。同时，应制定详细的信息分类标准和操作指南，方便专门岗位的员工对信息进行准确的分类和管理(见表 5-8)。

表 5-8　信息分类

等级	S0	S1	S2	S3
内容	管理层未经公开的制度措施、竞聘结果、绩效结果、评优结果、惩处结果、人事任免； 管理例会纪要； 基地、各团队人员薪资、等级信息； 人员面试信息、人事档案、人才档案	团队内部针对业务问题撰写的管理方案、流程表格，以及各类衍生的过程资产； 团队例会纪要、周报、原始数据、数据分析文档； 个人复盘文档、日报周报； 申诉表格、案例集； 面试问题	职场内部已全员公开的规章制度措施、绩效方案宣导、活动宣导； 用于学习及查阅的培训文档、高亮词库、标准文档等文字、视频、图片信息； 小组团建方案	公司用于文化宣传、竞标投资等对外展示公司形象类型的信息
程度	绝密	机密	秘密	公开
说明	内部个别人员知悉	文件处理过程相关人员知悉	公司内部员工知悉	对外对内均可公开
阅读权限	甲方直属领导授意后	甲方直属领导授意后	甲方直属领导授意后/团队内部群	甲方/基地内部
编辑权限	直属领导/共创者/群	直属领导/共创者/群	直属领导/共创者/群	直属领导/共创者/群

对于信息，需要注意以下问题：

(1) S3(公开)内容应不含内部职场架构、个人信息、联系方式、工作现场、敏感内容；

(2) S0(绝密)部分文件内部公示后由所有者及时备注降为 S1 及 S2，并严格按等级要求设定需要扩大的权限范围；

(3) 员工均有公司信息保密的义务，应注意所有可编辑文档不允许创建副本、下载及保存至移动介质；

(4) 有公示时段限制的文件，应注明时段区间，过时及时更改等级，或缩紧权限；

(5) 所有文档不允许直接公开，同时按要求进行安全设置。

5.4.3　信息存储

信息存储是信息安全流程的重要环节之一，尤其是违法违规信息、指令内容、审核规范，均应高度保密和做好相关的管理工作。团队内应根据信息的敏感程度和重要性，选择合适的存储方式和存储介质。对于高度敏感的信息，应采取必要的技术手段，如加密存储、访问控制等，确保信息在存储过程中的安全性和机密性，这里建议各团队使用公司内部或甲方内部专有的云存储机制，而不要使用任何外接存储设备、公共云存储空间等，甚至免费、破解版的存储区域。同时，应建立完善的信息存储管理制度，明确信息的存储要求和操作规范，尤其是授权规范，以确保信息存储的安全性和可靠性。

5.4.4　信息传输和下发

信息传输和下发是信息风险的高发场景，当信息下载方式不规范时，很容易引起风险后果。团队应采取必要的技术手段，如加密传输、VPN、仅限内网传输等，确保信息在传输过程中的安全性和机密性。同时，应明确信息的传输要求和操作规范，限制信息的传输范围和用途，如业务信息、用户信息、审核规范等，给不同内容设置不同的分发渠道和要求，防止信息被非法获取和使用。此外，定期对传输的信息进行安全审计和监控，及时发现和修复安全漏洞。

5.4.5　信息使用

在使用(即阅读、应用)这些信息时，团队应建立必要的规范要求，例如只能在本人特定的设备、特定的地点进行阅览，不可在公司外部或其他设备使用。同时，应根据信息的分类和使用目的，对信息的访问和使用权限进行严格的管理和控制。对于高度敏感的信息，应采取必要的技术手段，如截图水印、屏幕锁定、禁止分享等，防止信息被非法复制、篡改或泄露。此外，应建立完善的审计和监控机制，对信息的访问和使用情况进行全面的记录和监控，发生异常情况时应及时预警。

(1) 数据端口：通过对公司员工电脑 USB 接口进行隔离和管理，保护网络安全。

(2) 网络堵截：公司的信息咨询服务部(策略管理)对员工电脑进行监测拦截，如禁止远程操控，运行微信、QQ 等通信软件，以防止数据泄露。

(3) 数据转移：通过信息安全培训培养员工数据安全意识，如不得以任何形式将工作数据带出办公场地。

(4) 账号权限：禁止将工作账号、权限、工牌等借给或者共享给他人使用。

(5) 严进严出：外部数据进入工作网络，应先经过防火墙检测，禁止内部数据以任何形式外发，只开通与工作相关的软件的上传功能。

5.4.6　信息销毁

信息销毁是信息安全流程的最后环节，当信息不再需要或已经过期时，团队应及时对其进行回收、销毁或删除处理。在销毁信息时，应采取必要的技术手段和物理措施，确保信息在使用侧彻底被删除或销毁，但在信息管理侧有正常的留存和备份，例如对于过期的监管指令，需要有留存和记录，但在审核执行侧则需要对指令进行回收和删除。同时，应明确信息的销毁或删除要求和操作规范，防止信息被非法恢复或泄露。此外，定期对销毁的信息进行安全审计和检查，确保信息已被彻底销毁或删除。

5.4.7　定期审计和监控

定期审计和监控是确保信息安全的重要手段。团队应定期对整个信息安全流程进行审计和评估，检查信息指令的下发、透传、执行、删除各个环节的安全性和合规性，对整个信息安全流程进行全面的记录和监控。通过审计和监控，可以及时发现和修复安全漏洞，提高整个流程的安全性和可靠性。

5.4.8　应急响应和处置机制

应急响应和处置机制是应对突发信息安全事件的重要措施之一。团队内应建立完善的应急响应计划，明确应急响应流程和处理措施，确保在发生泄密或信息泄露事件时能够及时有效地应对和处理。同时，应加强与公司内对应机构的合作与交流，如公共关系部门，提高自身的应急响应能力和处置水平。通过建立完善的应急响应和处置机制，可以最大限度地减少安全事件的影响和损失。

5.4.9　人员管理

团队内应建立完善的人员管理制度，包括招聘时的背景审查、入职培训、岗位授权、离职交接等环节。在招聘审查环节中，对求职者的背景进行调查核实；在入职培训环节中，对新员工进行全面的信息安全培训；在岗位授权环节中，根据岗位职责和工作需要合理分配访问权限；在离职交接环节中，做好离职员工的信息资产移交工作。此外，也可以建立完善的员工考核机制和奖惩机制，提高员工对信息安全工作的重视程度和工作积极性。通过加强人员管理，可以降低人为因素对信息安全流程的影响和风险。

1. 做好信息安全例行工作

具体工作如下。

(1) 周度：制作及发放信息安全宣传海报。

(2) 月度：做例行抽检，包括电脑设备使用情况抽查及信息安全基本知识问答；对抽检过程中出现问题及时闭环，并复盘问题出现的原因，提出改进策略。

(3) 季度：对信息安全培训、信息安全考试、信息安全培训及考试中出现的问题进行闭环及复盘。

(4) 年度：把每年的特定月份定为年度信息安全宣传月；宣传月举办类似信息安全趣味活动等一系列的信息安全相关活动。

2. 做好信息安全培训

信息安全培训主要涉及以下几个方面。

(1) 国家层面：维护国家安全和利益，体现和保障国家能力。

(2) 企业层面：保障企业竞争力及可持续发展能力。

(3) 个人层面：保障个人利益，提高职业道德，与企业形成发展共同体。

对于新员工，应做好入职相关工作，包括入职信息安全培训、入职信息安全承诺函签署、信息安全卡贴发放及粘贴、入职信息安全考试等。

对于老员工，应做好离职相关工作，包括离职信息安全培训、离职信息安全承诺函签署、离职信息安全考试、异常离职跟进策略升级等。

表 5-9 列示了信息安全具体事项及操作说明，可供大家参考。

表 5-9　信息安全具体事项及操作说明

序号	细分项	具体事项及操作说明	闭环时间	责任人	备注
1	工作事项	每×周发送	每周×	培训侧	
2	信息安全培训	每季度全员覆盖	×月、×月、×月、×月	培训侧	
3	信息安全考试	每季度全员覆盖	×月、×月、×月、×月	培训侧	
4	信息安全随机抽检	每月覆盖×%员工	月度	信息安全侧	
5	信息安全全员检查	季度全员覆盖	×月、×月、×月、×月	信息安全侧	
6	信息安全活动月	年度信息安全主题活动	×月	信息安全侧	

泄密案例：

圆通内部员工与外部不法分子勾结导致 40 万条个人信息泄露一事引发社会关注。上海市网信办官方微信公众号昨天发布消息称，上海市网信办网安处会同青浦区网信办、青浦公安分局、区商务委、区邮政管理局约谈了圆通公司，责令圆通公司认真处理员工违法违纪事件，做到信息对称、及时公开、正面应对，加快建立快递运单数据的管理制度。

2020 年 7 月，圆通速递有限公司河北省区内部员工与外部不法分子勾结，利用员工账号和第三方非法工具窃取运单信息，导致 40 万条个人信息泄露，相关犯罪嫌疑人于 9 月落网。2020 年 11 月 16 日起，伴随此事件被媒体公开报道，"圆通内鬼租售账号导致 40 万条个人信息泄露"等相关话题引发网民热议。

资料来源：40 万条个人信息泄露　圆通被约谈. [EB/OL]. (2020-11-26). https://jingji.cctv.com/2020/11/26/ARTIj99oQtGcH1N1jNCHYeTS201126.shtml.

这些案例都是工作人员法律、道德意识差，见利忘义所致，因此要做好企业的信息安全工作，除了技术、制度、监管之外，信息安全培训也非常重要。

5.4.10 技术安全措施

1. 技术安全措施涉及的方面

技术安全措施是信息安全流程的重要保障手段之一。技术安全措施涉及以下4个方面。

(1) 物理安全：监控覆盖、机箱加固、门禁反潜、每日巡检、主机安全检查。

(2) 网络安全：网络隔离、网络安全域划分、网络准入、互联网访问控制、网络安全处理、安全应急演练。

(3) 主机安全：域控管理、云服务器异常处理、软件安装管控、访问控制(高危端口、高危协议、USB 策略)、主机身份鉴别。

(4) 数据安全：高危行为管控、数据备份、离岸数据外发阻断、安全应急事件处置、安全审计、日常宣导(海报、培训、考试等)。

2. 具体的技术安全措施

团队需要采取必要的技术手段和工具来保障信息安全流程的有效实施和管理。例如：建立防火墙、入侵检测系统等网络安全设施；使用加密技术对敏感数据进行加密存储和传输；采用多因素身份验证机制来提高访问控制的安全性。具体的技术安全措施如下。

(1) 领到办公电脑后，先检查是否已安装安全软件，查询自己电脑上安装的软件是否属于风险软件或不合规软件，将安装的软件截图发给主管。

(2) 若工作需要用到风险软件或不合规软件，需向业务主管进行申请，获得批准后方可由 IT 人员进行安装使用。

(3) 坚持"一人一机"政策(一台电脑从 IT 部门领用后，到归还 IT 部门之前，只允许一个人使用)，自己的办公电脑仅限自己使用。

(4) 关注异常报警，及时处理异常；不保留无关的信息资产。

(5) 个人账号、权限严禁借用、混用，关注自己的账号权限并做好保密措施。

(6) 禁止将截屏发送给不相关人员，禁止发送任何截图给非本业务相关人员；禁止在办公场地拍照；禁止将工作相关的照片发送分享至社交软件(尤其是朋友圈、微博)。

(7) 办公电脑禁止连接任何外部存储设备；除鼠标、电源线外，手机 USB 接口、U 盘与移动硬盘等所有设备均需在申请获批后才能连接办公电脑使用；禁止使用任何非指定网盘外的网络存储空间。

(8) 出差需及时告知主管，办公电脑必须安装客户要求的安全软件；若出差时使用个人电脑，需提前申请报备，并卸载违规软件，安装安全软件，其中安全软件需由 IT 人员进行卸载，卸不干净需清机处理；禁止私拆硬盘、私装系统；禁止将便携机中的信息资产传到外部。

(9) 工牌需随身佩戴，严禁借用、乱放工牌，工牌丢失及时挂失。进出门刷卡后随手关门，禁止尾随，进入没有权限的场地事先申请相关权限报备。

(10) 离职时完成离职自检，签署"信息安全承诺书"；删除钉钉上与业务相关的消息记录；确保注销账号；不得私自复制和转移客户及公司的信息资产。

总之，互联网内容审核行业的信息安全管控过程是一个复杂且重要的流程，需要从多个方面进行深入的管理和维护。团队应采取综合性的措施和方法，建立起完善的信息安全流程机制，确保信息的完整性和机密性。同时，应关注信息安全领域的最新动态和发展趋势，加强与内部机构的合作与交流，不断提高自身的信息安全水平和防护能力。通过持续改进和优化，可以不断完善整个信息安全流程，提高信息的安全性和可靠性。

5.5　应对突发事件的预案与响应

我们将互联网内容审核行业所面对的"突发事件"定义为以下几种场景，使大家能够更准确地应对该行业所特有的突发紧急事件。

(1) 因审核人员误判而造成的紧急舆情事件，如因误伤高级别账号、发布特定内容而造成的投诉，因误放出违规或不良内容而引起的安全风险事件，甚至在按照标准正确操作下因其他"黑天鹅"事件而引起的相关风险问题。

(2) 因社会类突发紧急事件造成的审核量过大，从而无法及时审核的问题。

(3) 突然的进审策略或模型工具故障，造成审核人员无法准确进行判断或操作。

(4) 因人为失误造成进审异常，如将进审阈值设置得过高或过低。

(5) 其他通用类的突发情况。

随着技术和信息传播途径的发展，审核行业会因某项不可预知的社会事件导致风险内容大量增加。例如 2022 年 7 月，日本前首相安倍在公开场合被刺杀。该事件引起短时间内大量相关内容送审，衍生的违规风险内容、变体风险内容非常多，这是考验审核团队能力的重要节点。审核人员能够在缺少标准、指令的情况下准确操作是非常不容易的。另外，对于审核团队而言，在各种突发事件中，最为严重的是因误判而引起的各类紧急舆情事件。

因此，制定对突发不可预测事件的预案是审核团队重要的工作环节之一。为了确保公司的正常运营和客户的利益，团队需要制定一套完善的应对突发事件的预案与响应制度，以便在面对突发事件时能够迅速、有效地进行应对。

5.5.1　预案制定原则

1. 评估前置风险

在制定预案或应对策略之前，应先要对可能面临的突发事件进行全面的风险评估。风险评估应包括分析内部和外部环境，识别潜在的危机因素(如近期或可预期的社会重大事件、周期性社会关注点等)，评估审核人员的安全风险意识水平，以及预测误判或风险发生后可能产生的影响。虽然内容是无法预知的，但是审核团队应该建立一套风险预警机制，告知员工在出现大量风险内容时应该怎样管控和处理。

2. 提前做预测

制定预案的目的是，针对潜在的危机因素设计相关的管控动作，从而预防突发事件的发生，即通过提前预测和预警，降低突发事件发生的可能性。

3. 明确应急响应流程

明确应急响应的具体流程包括确定明确的报告流程、负责人、资源调配流程等。例如，在突发重大社会舆情事件时，应迅速报告并启动应急响应流程，组织各部门联动处置。

4. 做好分级事件管理

需要根据突发事件的类型、性质、影响范围和紧急程度，并针对不同类型的突发事件，将预案分为不同的级别，实行分级管理，制定不同等级的处置措施。例如，在自然灾害发生时，应组织员工疏散至安全区域，确保员工人身安全；在发现网络攻击时，应尽快进行信息隔离和数据备份；在发生指令泄密事件时，应立即关停所有指令下发渠道等。

5. 保持灵活应变

预案应具有一定的灵活性，因为我们无法预测所有可能出现的风险场景，所以在制定预案时要保留一定的空间,用以在面对未涵盖的风险场景和突发事件时，执行人员能够有效地执行处置措施，并能够根据实际情况进行调整和优化。

5.5.2 应急响应的流程和实施

1. 常态化的监测措施

上游业务或产品团队应建立一套有效的监测措施，及时发现和预警可能出现的突发事件。监测措施应包括以下几个方面。

(1) 日常检查：每日 24 小时不间断对外部舆情进行监测和分级判断，并实时同步给审核团队；审核团队需要根据所接收的内容进行分级下发，并确保一线审核人员掌握这些内容。

(2) 风险评估：因风险信息内容较多，员工几乎不可能完全掌握所有风险内容，因此在风险透传时必须进行风险评估，以便分级下发、区分执行。另外，出现其他现场的突发问题时，也应根据风险内容进行不同程度的管理。

(3) 信息收集：通过内部和外部渠道收集有关突发事件的信息，及时了解风险是否可能被放大，尤其在内容审核行业，几乎需要对国内、国际社会舆情做全面且实时的跟踪监测和预判。

2. 预防和预警机制

审核团队可建立舆情或风险检测小组，当监测到潜在的突发事件时，应建立并启动安全预警机制，及时发出预警信号。

预警机制的建立应包括以下几个方面。

(1) 预警级别划分：根据潜在突发事件的严重程度，将预警划分为不同级别，如 S0 级、S1 级、S2 级等。

(2) 预警发布：一旦发现潜在突发事件，应根据预警级别、流程要求，及时向执行团队和现场管理团队发布预警信息，对应的部门和人员需要按照预定计划做好相应的准备。

(3) 应急响应措施：在发布预警后，相关部门和人员采取相应的响应措施，如加强回查、优化标准等，以降低突发事件真实发生的可能性。

3. 成立应急指挥部或应急指挥小组

在突发事件发生时，应按预案设立应急处置小组，并对风险和事件迅速做出响应，承担起危机应对的协调职责。应急小组应由审核团队负责人、质检团队负责人、业务团队负责人、回扫回查团队负责人等组成。应急指挥部或应急指挥小组的职责如下。

(1) 技术保障：当出现技术层面的问题时，负责技术系统的恢复和重建工作，保障公司信息系统的稳定运行。

(2) 信息情报：当出现外部舆情事件时，负责收集和分析突发事件的相关信息，为决策提供数据支持。

(3) 现场处置：负责审核现场的应急处置工作，包括人员现场控制、人力调度等。

(4) 宣传报道：当发生对公司有负面影响的事件时，公关部门或团队要负责对外宣传和信息发布工作，维护公司的声誉和形象。

(5) 事件调查：事件发生后，对突发事件进行复盘总结，寻找内部问题点和可提升点，并优化应急预案。

4. 员工的应对措施

在突发事件发生时，除了相关管理岗应根据上述的职责和流程开展工作外，审核员工也需要执行相应的措施，并按照预先设置的内容在突发情况下保持各项流程的有效开展。审核员工应采取以下应对措施。

(1) 保持冷静：面对突发事件时，应保持冷静和理性，不惊慌失措。

(2) 遵守规定：遵守公司的各项安全规定，完成现场管理人员的决策部署。

(3) 积极配合：积极配合相关部门和团队的工作，共同应对危机，必要时接受和配合组织调查。

总之，应对突发事件的预案与响应，是互联网审核团队保障正常运营和保护客户利益的重要手段。通过制定合理的预案、明确责任分工、合理调配资源、定期修订预案等措施，我们可以在面临突发事件时迅速、有效地进行应对，降低突发事件对公司的影响。同时，我们还需要加强培训和宣传工作，提高全体员工的风控意识和应急能力，确保预案的有效实施。只有这样，我们才能在激烈的市场竞争中立于不败之地，为客户提供更优质、更安全的服务。

第 6 章

数据隐私保护与企业内部信息安全管理

6.1 数据分类与分类管理

6.1.1 数据分类

从互联网内容审核与信息安全管理的角度来看，数据分类通常基于数据的敏感性和其对组织及个人的重要性。我们做一个大致的数据分类，如表 6-1 所示。注意：不同的国家和不同的组织可能有不同的分类标准。

表 6-1 数据分类

项目	公开数据 (public)	内部数据 (internal)	敏感数据 (sensitive)	机密数据 (confidential)	受限数据 (restricted)
数据类别定义	不含敏感信息，没有敏感性，可以对外公开发布，可以对所有人公开	非敏感数据，非公开，仅限于公司内部成员访问，这些数据对公司或组织的正常运营是必需的	包含可能导致个人或组织在财务上、隐私上、运营上、声誉上遭受损失的信息，如果泄露，可能会对个人或组织造成伤害	高度敏感，其泄露可能对组织或个人安全产生严重且直接的负面后果，造成严重的法律后果和经济损失；此类数据通常仅限授权用户访问	最高级别的数据分类，属于高度敏感，其泄漏可能导致严重的个人损害或对国家安全构成威胁
常见数据内容	新闻发布、政府公开报告、产品手册、公开的科研数据、市场营销材料等	公司日程、内部会议记录、内部培训资料、内部政策、员工手册、内部通报等	商业计划书、财务文件、个人数据(如地址、电话号码)等	顾客信息、医疗记录、社保号码、银行账户信息、身份验证凭证、个人信用卡信息、健康记录、员工个人资料等	国家安全文件、国家机密、特定行业的敏感数据、高级别的商业秘密等
分级分类保护要求	不需要特别的访问控制或加密措施	需要基本的访问控制，保证仅授权员工访问	要求严格的访问控制和加密，以及对数据的使用进行审计	除了严格的访问控制和加密外，还需要物理安全措施，如在安全区域处理这类数据	最高级别的安全保护，包括多层次的加密、极其限制的物理和网络访问控制，以及持续的监控和审计活动

在实际操作中，有效的数据分类工作能够帮助企业实施合适的安全措施，以保护数据，同时确保内容的合规性。同时，数据分类是一个动态过程，随着法律法规的变化、组织的需求变化和技术的发展而不断调整和改善。

6.1.2　分类管理

对于内容审核而言，通常还会考虑数据是否包含令人反感的、非法的或有误导的内容。根据内容特性和潜在的风险，可将内容分为合适的内容、敏感的内容和违禁内容。表 6-2 详细描述了不同种类内容对应的处理方式。

表 6-2　不同种类内容对应的处理方式

项目	合适的内容(appropriate)	敏感的内容(sensitive)	违禁内容(prohibited)
数据类别定义	符合所有法律法规标准，没有侮辱性、令人反感的或者其他不当的内容；符合平台规则，无违法或不当内容，适宜所有观众	需要根据特定的听众和上下文进行审查的内容，如可能触及某些人情感或文化敏感话题的内容；内容可能因为文化、政治或个人价值观而被某些观众认为不适宜，其中可能包括商业秘密、合同细节、某些个人身份信息等	不符合法律法规、平台政策的内容，这类内容需要被立即删除或进行处理，如含有煽动暴力、色情或仇恨言论的内容；违反法律法规或平台规定，不应在任何情况下发布的内容
常见数据内容	教育内容、标准新闻报道、娱乐节目	政治评论、成人笑话、极端运动场面	暴力宣传、恐怖主义内容、儿童色情、版权侵权物
处理方式	允许发布和分发。 (1) 发布和促进：这类内容适宜被广泛传播，可以通过平台的各种渠道进行发布和推广。 (2) 审查机制：即使是合适的内容，也需要定期地进行随机审查，以确保内容持续符合平台规则及法律要求	可能在特定区域发布。 ① 内容标签：对于包含敏感词汇或话题的内容应加上清晰的内容标签，以提示用户其潜在的敏感性。 ② 观众限制：需要运行年龄确认系统，确保未成年人不能接触不适宜年龄的内容。 ③ 时间和区域限制：一些内容可能需要限定在特定的时间或特定地区发布。 ④ 监管合规：对于涉及商业秘密、合同等信息的内容，需遵循《中华人民共和国反不正当竞争法》等相关法律法规，确保不泄露敏感商业信息	应被立即删除，并对上传者进行处罚，可能会报告给执法机构。 ① 立即删除：公安部《互联网安全监督检查规定》要求对违禁信息进行立即删除，并防止类似内容再次上传。 ② 用户处罚：根据《网络安全法》等相关法律，对上传违禁内容的用户进行警告、限制或封禁账号等处罚。 ③ 法律报告：对涉嫌违反刑法的内容，如儿童色情、恐怖主义等，平台需向相关执法机构报告，并配合调查。 ④ 审计和日志保留：保留处理违禁内容的详细记录和审计日志，以备法律和监管部门检查时提供证据

1. 法律法规对内容审核的要求

在中国，进行内容审核时，应主要遵循以下法律法规要求。

● 《网络安全法》：加强内容监管，及时处置违法和有害信息，防止这些信息被传播。

● 《信息网络传播权保护条例》：尊重并保护版权，防止侵犯他人著作权。

● 《中华人民共和国反不正当竞争法》(以下简称《反不正当竞争法》)：保护商业秘密，禁止泄露、获取或使用他人商业秘密。

● 《中华人民共和国未成年人保护法》(以下简称《未成年人保护法》)和《中华人民共和国治安管理处罚法》(以下简称《治安管理处罚法》)：保护未成年人，禁止传播淫秽物品及其他有害未成年人身心健康的内容。

中国主要的法律法规对数据分类和分类管理的总结如表 6-3 所示。

表 6-3　中国主要法律法规对数据分类和分类管理的总结

项目	《网络安全法》	《信息网络传播权保护条例》	《反不正当竞争法》	《未成年人保护法》和《治安管理处罚法》
数据分类	根据数据内容和影响进行分类，特别是单独标识违法和有害的信息	将根据版权状态对内容进行分类，如版权清晰、版权有争议或版权未知的内容	根据商业敏感度将数据分为公开信息、商业秘密等	根据内容是否适宜未成年人浏览，将内容分为适宜和不适宜未成年人内容
分类管理	要求对不同类别的数据实施相应的管理措施；对于违法和有害的信息，应实时监测并及时处置	对不同的版权状态的内容实行不同的管理策略；明确标注内容的版权信息并获得版权持有者的授权	对商业秘密采取更严格的保密措施，防止任何形式的不当获取、使用或泄露商业秘密	对适合未成年人观看的内容无限制，对于不适宜未成年人的内容实施年龄限制、内容过滤或访问限制
解释与示例	要求网络内容运营商把数据按中立、敏感、违法等级别来分类；运营商要对敏感和违法内容采取更加严格的监控和审查措施，比如通过使用自动化过滤软件和人工审查来检测和删除此类内容	要求平台在用户上传内容时识别出哪些内容受版权保护，如电影、音乐、书籍等的传播需要得到原作者或版权持有者的允许；如果某用户上传了一部电影，平台需要确认版权情况并取得相应许可，否则该内容将被视为侵权并受到删除和/或封禁处理	保护企业的商业秘密不被非法获取或泄露；公司需对商业秘密采取密级管理和限制访问的措施，确保只有授权人员才能接触到这些信息	在内容审核中实施有效的数据分类和管理，以确保法律遵从性；内容平台和服务提供商必须遵循法律要求，采取适当的技术和制定严格的审查流程，有效减少违法和有害信息的传播

2. 具体的操作方式

在具体操作中,确保数据分类工作有效落地涉及一系列细致的步骤。接下来,我们将分别解释每个方面的具体操作方法及执行要点,如表 6-4 所示。

表 6-4　数据分类工作的具体操作方法及执行要点

项目	操作方法	执行要点
数据识别	(1) 数据清点:对所有数据进行清点,了解数据种类与数量。 (2) 数据流分析:分析数据从产生到销毁的完整生命周期,了解如何收集、存储、使用、共享和销毁数据。 (3) 敏感度评估:使用自动化工具或手动审核来识别和分类数据的敏感性,比如 PII(个人身份信息)识别工具	分配专门负责团队或个人; 定期对数据集进行审查和更新,以保持数据分类的准确性
分类政策	(1) 政策制定:基于数据识别的结果,制定详细的数据分类政策,包括分类标准、处理程序和责任分配。 (2) 分级明确:将数据分为不同的安全等级,并为每一等级定义清晰的处理和保护指南	通过高层的批准和支持,为分类政策增加权威性; 确保所有相关员工接触到分类政策,如通过内网发布
权限管理	(1) 访问控制列表:将访问权限与个人角色相结合,并根据数据分类设置对应的访问控制列表(ACLs)。 (2) 最小权限原则:仅提供完成工作所必需的数据权限	实施身份管理和访问管理系统,自动分配权限和监控; 定期回顾权限设置,确保仍符合设定的政策
物理和技术措施	(1) 加密:对敏感数据进行传输和在静息状态下加密。 (2) 网络安全:采用防火墙、入侵检测系统、安全事件管理等措施保护数据免受网络攻击。 (3) 物理安全:对访问敏感数据的地点进行物理加固;如使用门禁系统和监控摄像头	定期进行网络安全评估和渗透测试; 配置自动化安全更新和漏洞修复流程
监管合规	(1) 合规框架:了解并遵从相关的法律、行业标准(如 GDPR、HIPAA)。 (2) 合规审计:定期进行自查和第三方审计,以确保持续合规	指定合规负责人或部门,持续追踪法规变更并及时调整; 建立违反合规的报告和应对机制
员工培训	(1) 培训计划:为所有相关员工提供定期的数据保护和信息安全培训。 (2) 意识提升:通过例会、通信等方式提升全员对数据安全的意识	实施强制性培训并追踪参与情况; 培训后进行考核,以确认信息已被正确理解和记忆
审计和检查	(1) 内部审计:定期进行内部审计,以检查数据保护措施的实施情况。 (2) 外部审计:聘请第三方进行外部审计,以获取更客观的评估	制订详细的审计计划,并确保审计结果被记录和回顾; 对检查发现的问题进行整改,并跟进整改措施的实施效果

内容审核工作既要平衡用户的表达自由和内容的多样性，也要确保遵守国家法律，维护社会秩序。平台运营商需要建立一整套从技术到人工的复合型内容审核制度，确保所有内容的合规，并有效处理敏感和违禁信息。

数据分类是一个持续的过程，需要因技术的进步、业务需求的变化、法规的更新等进行调整。保证信息的安全性及内容的合规性是实现有效保护和合理利用数据的关键基础。

对于内容审核时的具体数据处理，每一步骤的有效实施，关键在于高层的支持、跨部门的合作及持续的改进。企业组织应确保政策和程序与最新的技术、法律和业务实践保持一致。同时，通过持续的教育、培训和意识提升活动，确保所有员工在日常操作中实践数据分类和保护措施。

6.2　数据隐私保护政策与技术

6.2.1　数据隐私保护所遵循的法律法规

在中国，数据隐私保护主要受到以下政策和法规的约束，具体如表 6-4 所示。

表 6-4　数据隐私保护受到的政策和法规约束

项目	《网络安全法》 (2017 年 6 月 1 日起施行)	《个人信息保护法》 (2021 年 11 月 1 日起施行)	《数据安全法》 (2021 年 9 月 1 日起施行)
主要条款	(1) 个人信息保护：要求在收集和使用个人信息时必须遵守合法、正当、必要的原则，不得违规收集、使用信息，且需取得个人同意。 (2) 信息存储：要求关键信息基础设施的个人信息和重要数据存储在中国境内，跨境传输需通过安全评估。 (3) 网络运营者职责：明确网络运营者在数据保护方面的责任，包括数据泄露、损坏和丢失的防御措施	(1) 个人信息处理规则：对个人信息的处理活动设置规则，明确处理的合法性、正当性和必要性要求。 (2) 数据主体权利：明确数据主体(个人信息的所有者)的知情权、决定权、数据可访问性、更正权和删除权。 (3) 跨境数据传输：规定贯彻网络安全法中关于跨境传输的规则，加强个人信息出境的法律要求。 (4) 法律责任：对违反个人信息保护规定的个人或单位的法律责任情形进行规定	(1) 数据安全和保护措施：要求建立和完善数据安全管理体制，采取技术和其他必要措施保护数据安全，防止数据泄露、篡改、丢失。 (2) 数据分类与分级保护：推行数据分类制度，实施分级保护。 (3) 跨境数据传输安全评估：增强对跨境数据流动性的监管，要求关键数据在跨境传输前进行安全评估。 (4) 法律责任：对违法行为设定一系列的法律责任，包括罚款、禁止从业等

(续表)

项目	《网络安全法》 (2017 年 6 月 1 日起施行)	《个人信息保护法》 (2021 年 11 月 1 日起施行)	《数据安全法》 (2021 年 9 月 1 日起施行)
解读和说明	(1) 保护公民个人信息不被滥用,当公司收集客户数据用于营销时,必须明确告知客户收集目的、方式和范围,并取得用户同意。 (2) 对于境外数据传输,需要政府审查,以确保关键和敏感数据的安全	(1) 强调数据主体对其个人信息的控制权,公司或机构需要尊重并保护这些权利,如果某用户不希望商家保存其个人信息,商家需要提供途径让用户要求删除其信息。 (2) 跨境数据传输需严格遵守规定,确保数据主体信息的安全	(1) 概括性地强调数据安全的重要性,提出对数据进行分级管理,确保重要数据的安全,如金融机构在处理客户数据时,应符合最严格的数据分类要求。 (2) 跨越国界传输数据,尤其是包含重要数据的情况,需要进行政府审查,以保障国家数据安全

这些法规共同构成了中国的数据隐私和安全保护的法律框架。它们要求个人信息的收集、存储、使用和传输必须具有合法的目的,透明的流程,并以个人的同意为基础。中国的这些法律对企业及组织提出了更高的个人数据处理标准,尤其是对于跨境数据处理的企业和组织,意味着必须遵守严格的数据本地化存储和传输审核程序。违反这些法律法规的个人或机构可能会面临严重的法律后果。

6.2.2　数据隐私保护的分类

在中国,数据隐私保护领域采用的技术发展分类原则通常基于技术的用途、目的、应用领域及它们所依赖的核心概念和理论。对于数据隐私保护技术,我们可以从以下几个维度来分类。

(1) 根据处理数据的阶段,可分为数据收集阶段(例如"隐私沙盒"技术,保护用户在数据被收集时的隐私)、数据存储阶段(例如分布式账本技术,确保数据存储不被篡改)、数据处理阶段(例如同态加密、隐私计算技术,允许在加密数据上进行计算)、数据共享阶段(例如安全多方计算、零知识证明,数据在多方间交流时不泄露隐私)。

(2) 根据隐私保护的技术策略,可分为匿名化技术(数据脱敏、数据混淆)、加密技术(同态加密、端到端加密)、访问控制技术(身份认证系统、授权管理)、安全计算技术(安全多方计算、零知识证明)。

(3) 根据技术实施的环境,可分为云计算环境中的隐私保护、大数据环境中的隐私保护、物联网和边缘计算环境中的隐私保护、移动计算环境中的隐私保护。

6.2.3　数据隐私保护的执行

若要做好数据隐私保护，需要了解相关的技术原理，确定具体的实施方式，如表 6-5 所示。

表 6-5　数据隐私保护的技术原理和实施方式

项目	技术原理	实施方式
加密技术	一种将数据转换成不可读形式的技术，只有通过密钥才能访问原始数据；加密分为对称加密(加密和解密使用相同密钥)和非对称加密(使用一对公私钥)	企业在存储和传输用户数据时，通常会利用加密技术(如 TLS/SSL 协议、AES 加密、RSA 算法等)，以确保数据在互联网传输过程中的安全性和在存储过程中的保密性
匿名化和去标识化	匿名化是移除个人数据中可识别身份的信息；去标识化是在保留部分信息的情况下进行匿名化处理以消除或降低个人识别的风险	数据处理者可能会在对数据进行分析时先进行匿名化或去标识化处理，以避免泄露用户身份；通常，这包括去除诸如姓名、地址、电话号码等直接识别信息，以及可能通过交叉匹配泄露身份的间接信息
访问控制和用户身份验证	通过用户身份验证和访问控制确保只有授权用户才能访问个人信息	企业采用多因素身份验证、基于角色的访问控制(RBAC)、最小权限原则等技术手段，以确保员工和用户对数据的访问是合法和必要的；这包括使用密码、生物识别、硬件令牌等方式进行个人身份验证
数据脱敏技术	将敏感信息转换为无法识别的形式，即使在数据泄露的情况下，攻击者也无法恢复原始数据	在展示或开放数据库环境中，企业可能会脱敏部分数据字段，如将姓名替换为无意义的字符，或者对社会保障号码、银行卡信息进行掩码处理
安全审计和监控	记录和检查系统活动、用户操作和数据访问情况的过程	使用日志管理、访问日志、安全事件管理系统(SIEM)等进行记录，通过这些记录，企业可以在发生数据泄露或不当访问时进行追踪和调查
数据生命周期管理	涉及数据从创建、存储、使用、共享、归档到删除等环节	企业需要根据数据的重要性和敏感性制定相应的保护策略，包括及时删除不再需要的数据，以及对持久化存储的数据进行定期自检和更新

(续表)

项目	技术原理	实施方式
隐私设计原则	在产品或服务开发阶段就将隐私保护融入其中	开发团队需要在设计应用、系统或服务时考虑隐私影响评估(PIA)，并遵循数据最小化、透明度和用户控制权等原则，以确保隐私保护被内置在产品和服务中，而不是事后被动添加
分布式账本技术(如区块链)	通过全节点共同维护不可篡改的数据记录，提供一种安全性高的数据管理方式	对于个人身份信息等敏感数据的存储，可以利用区块链的特性，将数据加密后存储在分布式网络中，数据一经上链，无法被篡改，确保数据的完整性和可追溯性
同态加密	一种能够在加密数据上直接进行计算，并得出与明文数据上同样操作结果的加密算法	在数据分析和云计算场景中，同态加密允许数据处理者在不可见明文数据的情况下对数据进行处理，有助于保护数据内容不被非授权访问
隐私计算(安全多方计算)	一种保护数据隐私的同时允许数据价值挖掘的计算范式，包括联邦学习(分布式节点协同学习不共享数据)、安全多方计算(多方参与但不泄露各自数据的计算方法)	企业或研究机构间可以通过隐私计算技术在不直接共享数据的前提下，共同开展数据分析和研究工作，从而既保护个人隐私，又实现数据的合规使用
隐私保护浏览器/搜索引擎	强化用户在上网时的隐私和安全性，防止跟踪和个人信息收集	使用这些工具时，会对用户的网页请求进行匿名处理，防止广告商和第三方追踪用户行为；同时，它们可能会使用匿名网络(如 Tor 网络)来进一步加强隐私保护
数字身份认证系统	旨在通过一系列的验证机制确保在线服务中用户身份的真实性	采用生物识别技术(指纹、面部识别)、电子证照、移动端一键认证等方式，实现对用户身份的快速和安全验证
个人信息保护影响评估(PIA)	企业在设计产品时评估其可能对用户隐私产生的影响，并提出解决方案的过程	企业在推出新产品或服务前进行 PIA，确保能识别对隐私的可能影响并做妥善处理，包括制定隐私策略、进行风险评估和建立相应的治理机制
数据追溯和审计	帮助企业在出现安全事件时快速定位	完整的数据操作记录和日志管理，用于在数据被非授权访问或篡改时，能够追踪到具体的操作记录，包括谁在什么时间对数据进行了何种操作

注意：以上只是该领域的一部分技术，一方面，数据隐私保护技术不胜枚举，行业不同，对数据隐私保护的需求不同，数据密级也不同；另一方面，技术改进日新月异，每天都有新技术诞生。

中国在数据隐私保护方面采用的技术策略与全球标准大体一致，遵循数据保护的最佳实践，并根据中国特有的法律和监管要求进行调整。企业和组织可以结合国内法律法规的具体要求，采取一系列的技术和管理措施来强化自身数据隐私保护的能力。随着技术的发展和政策法规的不断完善，这些技术和实施方式也在不断更新和迭代。

通过以上这些技术和实施方式，中国的企业和组织可在遵照《网络安全法》《数据安全法》《个人信息保护法》等相关法律法规的同时，更好地保护个人数据隐私。随着技术的发展和政策的不断更新，持续关注最新的法规和技术动态对实现有效的数据隐私保护至关重要。

6.2.4　数据隐私保护相关案例

下面是三个基于现有知识和信息的抽象但具有代表性的案例概述。

1. 正面案例：加强个人数据保护的商业做法

某大型电子商务平台严格遵守《个人信息保护法》中关于收集、使用个人数据的规定，采取了一系列措施来提高个人数据的保护级别。这个平台更新了其隐私政策，明确了收集用户数据的目的、范围和方式，并且引入了一个更加明确的用户同意流程，确保用户在数据被处理前能够给予明确的同意。同时，公司建立了更严格的内部数据处理规则，限制了对数据的访问，并且对数据泄露事件设立了即时反应机制。

2. 正面案例：本地化数据存储实践

根据《网络安全法》和《数据安全法》的规定，某跨国企业在进入中国市场时构建了本地数据中心，以便将收集的个人信息和关键数据存储于中国境内。通过本地化存储，该企业避免了跨境数据传输可能引发的法律风险，并通过定期的安全评估，确保了数据的安全和遵从当地法律的要求。

3. 负面案例：违反数据隐私规定的社交平台

某社交媒体平台在处理个人数据时未能遵循《个人信息保护法》中的规定。平台未充分通知用户其个人数据的使用方式，也没有获取明确的用户同意就将用户数据用于商业广告。此外，平台未采取合适的安全措施来防止个人数据泄露。在发生大规模数据泄露事件后，监管部门对该平台展开了调查，并最终对其施以重罚，包括罚款和要求整改。

在此提及以上案例是为了说明法规在实际中的应用，并非指向或映射某些真实发生的事件。若需要寻找真实案例，可查阅最新的新闻、法院文件或政府公告。

6.2.5　数据隐私保护的未来发展趋势

未来，数据隐私保护技术未来的发展趋势可能会聚焦于实现隐私保护和数据利用之间的平衡，主要的趋势包括以下几种。

(1) 隐私保护与人工智能的结合：如隐私保护的差分隐私在 AI 中的应用，旨在创造可以从用户数据中学习而不侵犯隐私的智能系统。

(2) 法规驱动的技术发展：隐私保护技术的发展将受到 GDPR、CCPA 和中国《个人信息保护法》等法律法规的影响和指引，进行更安全的数据处理实践。

(3) 去中心化的隐私保护策略：例如利用区块链技术来构建去中心化身份认证和数据所有权管理，赋予用户更多对个人数据的控制权。

(4) 增强用户意识和控制力：用户将获得更多关于自己数据的知情权和控制权，如通过数据口授权和管理框架，让用户可以直观地管理数据权限。

(5) 隐私计算技术的演进：技术如同态加密、安全多方计算等将持续得到优化，以提高其在实际应用中的可用性和性能。

(6) 自适应和自动化的隐私保护：随着机器学习和人工智能技术的进步，未来的隐私保护工具将能够自动识别和适应新的数据保护需求。

(7) 跨边界数据流动的安全和隐私保障：随着全球数据流动的增加，跨国的隐私保护协议和技术将成为关注焦点。

技术的发展并不是孤立的，它受到多方面因素的共同影响，包括政策法规、商业需求、技术创新及公众意识等。未来的隐私保护技术需要在多方面的需求和挑战中找到平衡点。

6.3　数据泄露应对与修复措施

6.3.1　常见的数据泄露方式和渠道

数据安全和数据泄露是一个复杂的问题，以下是一些常见的数据泄露方式和渠道。

1. 黑客攻击

(1) 网络钓鱼：通过伪装成可信网站或发送包含恶意链接的邮件，诱导用户泄露个人信息。

(2) 病毒和恶意软件：通过恶意软件(如木马、勒索软件等)窃取或锁定数据，以便索取赎金。

(3) SQL 注入：攻击者通过在网站的输入字段中输入恶意 SQL 代码来操控数据库，以获取敏感信息。

(4) 分布式拒绝服务攻击(DDOS 攻击)：DDOS 攻击可能会导致系统瘫痪，在某些情况下，攻击者利用此时的混乱窃取数据。

2. 内部泄密

有些员工可能由于疏忽大意，错误地配置系统，导致数据泄露。有些员工可能出于个人利益泄露敏感数据，或为其他组织、国家等服务。

3. 技术缺陷和漏洞

(1) 软件缺陷：应用程序、操作系统等软件中的缺陷可能被发现并用来获取未授权的数据访问。

(2) 系统漏洞：未更新的系统可能含有已知的安全漏洞，不时有安全更新可修补这些漏洞，但如果没有及时更新，就可能遭受攻击。

4. 第三方服务提供商

(1) 数据共享：在与第三方共享数据时(如云服务供应商、合作伙伴)，若这些第三方的安全措施不足，可能导致数据泄露。

(2) 供应链攻击：攻击者可能会侵入供应链中的一环，比如软件供应商，然后通过正常的软件更新过程来部署恶意代码。

5. 不安全的网络环境

(1) 公共 Wi-Fi：在未加密或安全性低下的公共 Wi-Fi 网络中输送信息可能会被拦截。

(2) 网络监听：未经授权的监听或流量分析可以获取在网络上传输的敏感信息。

6. 物理渠道

(1) 设备失窃：丢失或被盗的电脑、手机、硬盘等含有大量敏感数据，若未加密可能会被直接访问。

(2) 媒介泄露：通过移动存储设备(如 U 盘、移动硬盘等)非法复制数据。

7. 法律和政策松懈

(1) 法规不健全：如果相关的法律法规不完善或执行不力，企业可能不重视数据安全问题，导致信息泄露。

(2) 执法不严：缺乏有效监管，即使存在相关法规，若执法不严格，仍会发生数据泄露。

8. 社交工具

(1) 调查诈骗：通过社交工具手段，诱使员工或个人透露敏感信息。

(2) 身份冒用：攻击者冒充信任的人或机构，采取欺骗手段获取信息。

由于数据泄露通常涉及多个方面的安全漏洞，在中国加强数据保护和安全，需要从技术、法律法规、公众教育、企业政策等多个角度同时努力。政府正在加大对网络安全的监管，提升网络安全法律法规的制定和执行力度，并提倡个人和企业加强数据安全意识，实施更为严密的保护措施。

6.3.2 数据泄露的应对方式

在中国，数据泄露的应对方式有以下几种。

1. 法律与政策层面的应对

(1) 立法加强：制定和完善针对数据保护的法律法规，比如《个人信息保护法》《网络安全法》，确保用法律框架去定义、监管和惩处数据泄露行为。

(2) 监管部门介入：发生数据泄露事件后，相关监管部门(如网信办、工信部等)应及时介入，进行调查和处理。

2. 技术层面的应对

(1) 即时阻断和隔离：发现数据泄露时，应立即切断相关系统的网络连接，防止泄露进一步扩散。

(2) 安全检测与修复：使用安全工具检测系统漏洞，部署补丁程序，并强化系统安全配置。

(3) 数据加密：对敏感数据进行加密处理，以确保即便数据被访问，也难以解码使用。

(4) 启用数据备份和恢复机制：在数据泄露事件中，数据备份可以帮助企业业务迅速恢复正常。

3. 操作管理层面的应对

(1) 进行内部控制和审计：定期进行内部安全审核，强化访问控制，确保仅授权用户能够访问敏感数据。

(2) 通过员工培训提升员工的安全意识：对员工进行数据安全培训，提升其安全防护意识，让员工知晓如何正确地处理敏感数据。

(3) 制定应急预案：制定并定期更新数据泄露应对预案，确保在数据泄露事件发生时能够迅速、有效应对。

4. 法律诉讼层面的应对

(1) 启动法律程序：对于恶意的数据泄露行为，企业或个人可以通过法律途径追究责任，起诉侵权人。

(2) 保留证据：对于可能涉及法律程序的数据泄露，应及时保留相关证据，包括日志文件、网络流量记录等。

5. 公关危机处理层面的应对

(1) 透明公开：在处理数据泄露问题时，向公众或受影响人群及时准确地通报事件的相关信息。

(2) 沟通协调：与受影响的用户保持沟通，并提供必要的协助，例如提供身份盗窃保护服务等。

6. 用户个人保护层面的应对

(1) 及时修改密码：用户个人应及时修改被泄露账户的密码，以免账户被未授权访问。

(2) 监控账户活动：提高警觉，监控自己银行账户、社交媒体等账户的异常活动。

(3) 利用防护工具：使用安全软件，如防病毒软件、防火墙等，以提高个人设备的保护级别。

在中国，企业和个人都需要遵守国家相应的法律法规，同时采取合理、及时和有效的措施来保护数据安全，及时应对数据泄露事件。政府和监管机构也在不断强化相关政策法规，提升对数据泄露事件的监督和应对能力。

6.3.3 数据泄露的修复措施

针对数据泄露事件，中国企业和组织通常会采取以下几种修复措施进行及时处理和修复。

1. 技术性修复措施

(1) 系统和数据恢复：使用备份数据恢复被泄露或损坏的数据，并确保系统恢复到安全状态。

(2) 漏洞修补：查找导致数据泄露的漏洞，如软件缺陷或配置错误，并尽快发布补丁修复这些问题。

(3) 加强安全配置：提高系统和网络的安全防护等级，如启用更复杂的密码政策、多因素身份验证、访问控制策略等。

(4) 增强数据加密：对存储和传输中的敏感数据应用更强的加密标准，以避免未经授权的查看或篡改。

2. 管理性修复措施

(1) 内部审计：对事件发生的原因进行深入分析，审核内部的管理流程和安全措施。

(2) 提升员工培训：加强员工对数据保护的意识教育，特别是在数据检索、处理和传输方面。

(3) 更新应急预案：根据此次数据泄露事件的处理经验，更新组织的应急预案，优化应对流程。

3. 合法和合规性修复措施

(1) 合规性评估：重新评估企业的数据管理和保护措施是否符合现行法律法规的要求，如《个人信息保护法》和《网络安全法》等。

(2) 配合监管机关：主动配合相关政府监管部门的调查，及时上报事件处理进展情况，并依照法律法规要求采取必要的措施。

4. 法律诉讼措施

(1) 追究责任：对于数据泄露责任方，依法追究其法律责任，包括索赔等。

(2) 保护受害者权益：为受到数据泄露影响的用户或客户提供补偿，例如提供信用监控服务、恢复服务等。

5. 公关和通信修复措施

(1) 公开沟通：向受影响的用户和公众透明地发布泄露事件的信息，解释事件原因、影响及企业的应对措施。

(2) 回应关注：设立专门的服务热线或在线平台，回应用户的疑虑和关注，提供必要的支持和服务。

6. 用户个人修复措施

对于个人用户而言，一旦个人信息泄露，应该立即做好以下工作。

(1) 及时修改密码：对可能受影响的所有账号修改密码。

(2) 持续监控账户：密切关注银行账户、信用卡和其他重要服务的异常活动。

应对数据泄露的修复措施需要涵盖技术性和管理性两方面，并且要符合法律法规的要求。同时，保持与公众良好的沟通和透明度也非常关键，这能够缓解公众的担忧，减少负面影响，并重建公众对企业数据安全管理能力的信任。

6.4　员工信息安全教育培训

6.4.1　进行培训和教育时的关键点

数据隐私保护和企业内部信息安全管理，是当今企业非常重视的问题。培训和教育工作应该全面涵盖数据安全和隐私保护的各个方面，确保员工从理论知识到实践操作都能得到加强。以下是企业在进行培训和教育时可以关注的几个关键方面。

1. 法律法规和公司政策

(1) 相关法律法规：教育员工理解并遵守相关的数据保护法律法规，如《个人信息保护法》《数据安全法》《网络安全法》等。

(2) 公司内部政策：让员工熟悉公司数据隐私政策、信息安全策略和操作规范。

2. 数据分类教育和访问控制

(1) 数据分类教育：解释不同类型数据的分类及各类数据的管理要求，例如区分公开数据、内部数据、敏感数据和机密数据。

(2) 访问控制：指导员工正确设置和执行数据访问权限，包括账号管理和权限最小化原则。

3. 数据保护基础知识

(1) 数据加密：教育员工了解数据加密的重要性和基本方法。

(2) 密码管理：强调良好的密码管理习惯，如使用复杂密码、定期更改密码及不共享密码等。

4. 安全防护措施

(1) 安全软件的使用：教育员工如何使用防病毒软件、防火墙、入侵检测系统等防护工具。

(2) 物理安全：培训员工如何保护公司的物理资产不受威胁，比如建立严格的门禁制度、安装安全的防盗装备等。

5. 防范钓鱼攻击

(1) 识别威胁：教员工识别仿冒邮件、诈骗电话等钓鱼攻击。

(2) 正确响应：指导员工对可疑的请求、邮件或来电采取正确行动，比如核实、报告等。

6. 数据泄露和应急反应

(1) 防范数据泄露：详细说明数据泄露的原因、预防措施和检测方法。

(2) 应急反应培训：演练数据泄露应急预案，让员工知道在数据泄露发生时应该如何响应和汇报。

7. 日常操作安全

(1) 安全的网络行为：遵循安全的网络浏览习惯，比如不访问不安全的网站和不下载来源不明的附件。

(2) 移动设备管理：制定工作安全指南，确保安全地使用移动设备来存储和携带公司数据。

8. 继续教育与更新

(1) 定期的安全培训：周期性地对员工进行安全知识培训，跟进最新的安全情况和更新防护措施。

(2) 安全文化建设：通过持续教育和提醒，建设企业内部的安全意识文化，让安全成为每个员工的自然行为和责任。

企业应该制订系统性的培训计划，并且定期进行更新，以确保员工的数据保护知识与技能能够跟上时代的发展和新出现的安全威胁。此外，培训应该是动态的，结合实际案例和模拟演练，使员工在真实情境下加深理解和进行实践操作。

6.4.2　员工的数据隐私保护与企业内部信息安全管理培训

对于员工的数据隐私保护与企业内部信息安全管理培训，应考虑可执行性、成本等因素，遵循员工的工作周期，安排分阶段培训。

1. 岗前培训(通常为期 1 周)

岗前培训的目的是让员工在实际上岗前熟悉特定的工作环境和岗位的安全需求。

岗前培训的方法与方式如下。

(1) 角色扮演和模拟演练：针对员工的职位和工作任务进行情景模拟演练，如模拟钓鱼攻击等。

(2) 实操演练：在监控下让员工实际操作，如安全软件的使用、数据分类操作等。

(3) 岗位引导：由经验丰富的同事或安全官进行一对一的指导，帮助员工了解并运用安全知识。

(4) 交叉培训：让员工理解不同部门在信息安全管理方面的作用和职责。

2. 入职培训(通常为期 12 周)

入职培训的目的是为新员工讲述有关数据隐私和信息安全的知识，确保他们了解公司的政策、流程和期望。

入职培训的方法与方式如下。

(1) 集体培训课程：组织面对面或线上集中培训，介绍相关法律法规、公司政策、安全操作规范和案例分析。

(2) 在线学习模块：利用在线教育平台提供的自主学习课程，降低培训成本，增强培训的灵活性。

(3) 学习手册和教材：分发培训资料，包括手册、操作指南等，方便员工随时查阅。

(4) 考核测验：通过在线或纸质测验的形式，确保新员工对基础安全知识有充分的理解。

3. 岗中持续培训(周期性或按需进行)

岗中持续培训的目的是维护并提高现有员工的安全意识,使其跟上最新安全趋势和技术。

岗中持续培训的方法与方式如下。

(1) 定期的安全通信:定期发布安全信息通信和更新,强化重要概念。

(2) 持续的在线课程:通过在线平台为员工提供定期的安全课程和持续更新相关的知识。

(3) 年度或半年度研讨会/讲座:组织内部或邀请外部专家定期举办研讨会,分享新趋势和研究成果。

(4) 情景模拟测试:定期进行突击测试,如发送虚假钓鱼电邮等,以此来加强员工实战反应能力。

4. 晋升和职能转变培训(按需进行)

晋升和职能转变培训的目的是确保员工在职责变更或晋升时,理解相关职位的信息安全责任。

晋升和职能转变培训的方法与方式如下。

(1) 个性化培训计划:根据员工新的岗位职责制定培训内容。

(2) 领导力安全培训:对于晋升为管理层的员工,提供与领导力和团队管理相关的安全知识教育。

(3) 技能提升课程:结合员工的晋升路径,提供必要的技能提升课程。

5. 跨阶段措施(强调员工参与和互动)

(1) 绩效考核:将信息安全表现作为员工绩效考核的一部分。

(2) 奖励机制:通过表彰和奖励那些在安全管理方面表现杰出的员工,鼓励其他员工效仿。

(3) 反馈与改进制度:鼓励员工提出安全培训方面的反馈,并根据反馈内容进行课程优化。

(4) 分组讨论:定期组织小组讨论,让员工交流安全实践经验。

(5) 黑客马拉松竞赛:举办针对安全的竞赛活动,提升员工在实际攻防环境中的操作水平。

6. 内部沟通和文化建设

(1) 内部营销:利用海报、电子屏幕等内部媒介宣传安全问题。

(2) 员工安全大使:选拔对安全有高度认识的员工成为安全大使,鼓励并引导同事关注安全问题。

(3) 在线安全资源中心:创建一个内部网站或平台存放安全教程、最佳实践、案例分析等资源,供员工自学。

(4) 实时安全提醒：设立系统弹窗提醒或通过内部通信软件发送安全提示，提高员工的即时安全意识。

7. 长期跟踪和改进

(1) 追踪效果：对培训效果进行长期的追踪，如定期的安全知识考核、技能测试等。

(2) 反馈循环：建立良好的反馈循环机制，持续收集员工关于培训的反馈意见，以持续调整和改进培训内容。

(3) 调整培训频率和内容：根据安全事件、新的业务需求和技术变化对培训计划定期进行评估和调整。

8. 技术手段和工具

(1) 学习管理系统：使用学习管理系统跟踪员工培训进度和成绩，并提供个性化的培训内容。

(2) 模拟工具：使用模拟软件来创建真实的安全威胁情景，让员工在受控环境中练习。

(3) 云课堂：整合移动学习平台，让员工可以利用手机等移动设备进行随时随地的学习。

在制定培训方案时，应着眼于资源能力，采用网络教育平台、内部分享等低成本但效果显著的培训方式，还可以申请获得政府或相关安全机构的培训资助，使用现有的免费在线资源，以降低培训费用。最关键的是，要把理论知识与实际操作紧密结合，以确保提高员工的实操能力。

通过上述方法，企业可以在保证成本效益的同时，提高员工的数据隐私和信息安全素养，从而有效地降低数据泄露和安全事件的风险。需要注意的是，培训计划是一个动态调整的过程，应随着技术发展、法规变化和组织需求的变化而更新。定期评审和改进培训方案是确保其始终有效的关键。

6.5　企业安全防范措施与技术

6.5.1　企业安全防范措施的分层

在数据隐私保护与企业内部信息安全管理方面，企业应该综合考虑技术、流程和人员三个关键层面，并采取一系列防范措施来增强整体的安全防护。

1. 技术层面

(1) 数据加密：对敏感数据进行加密，确保数据在传输和存储时的安全。

(2) 访问控制：实施权限管理，确保员工只能访问其工作所需的数据。

(3) 网络安全：采用防火墙、入侵检测系统和防病毒软件保护网络不受恶意攻击。

(4) 数据备份与恢复：定期备份重要数据，并确保可以迅速有效地恢复数据。

(5) 终端保护：确保所有终端设备(如电脑、移动设备)已安装最新的安全软件。

(6) 安全监控：实施安全信息和事件管理(SIEM)系统，对网络进行实时监控。

(7) 安全补丁管理：定期更新软件和系统，修补已知安全漏洞。

2. 流程层面

(1) 政策和程序：制定和维护数据隐私和信息安全政策，包括分类、处理、存储和传输数据的标准。

(2) 风险评估：定期进行风险评估，识别潜在的数据安全隐患。

(3) 事故响应计划：制订数据泄露和其他安全事件的响应计划，并定期进行模拟演练。

(4) 合规性审核：定期审核内部流程和实践，确保符合相关的数据保护法规和标准。

(5) 供应链安全：评估合作伙伴和供应商的安全措施，并制定相应的合作标准。

3. 人员层面

(1) 员工培训：定期对员工进行数据隐私和信息安全培训，提高其安全意识。

(2) 职责明确：确保每位员工都了解自己在数据保护方面的职责。

(3) 职业道德：培养员工的职业道德，强调保密性和对客户数据的尊重。

(4) 安全领导：高层领导需以身作则，强化安全文化并负起信息安全的责任。

(5) 人员审查：对潜在的新员工进行审查，确保他们的信誉和背景符合公司的安全要求。

企业应采取多层面、全方位的方法来保护数据和信息安全。其中技术是防护的基础，流程是保障执行到位的关键，人员则是整个安全防御体系的中心。这些层面相互补充，共同构成了一个健全的数据隐私保护与信息安全管理体系。要重视员工的安全教育和培训，确保每个人都能成为防护体系中的积极一员。同时，要随时关注新的威胁和挑战，并调整策略和措施以适应不断变化的信息安全环境。

6.5.2 企业的数据隐私和信息安全管理

企业可以通过采用各种防范技术来强化数据隐私和信息安全方面的管理。

1. 网络防护技术

(1) 防火墙：阻止未授权的外部网络访问。

(2) 入侵检测和预防系统(IDS/IPS)：监测网络流量，并在检测到异常行为时发出警报或拦截。

(3) 虚拟私人网络(VPN)：对数据进行加密传输，确保远程访问安全。

(4) 网页过滤器：限制访问某些类型的网站以保护免受恶意软件和钓鱼行为的攻击。

(5) 分布式拒绝服务(DDoS)防护：减缓或阻遏 DDoS 攻击。

2. 端点防护技术

(1) 防病毒和反恶意软件：保护企业设备免受病毒、木马、蠕虫等恶意软件的侵害。

(2) 个人防火墙：安装在单个设备上，控制进出该设备的网络流量。

(3) 全盘加密(FDE)：保护企业设备的数据，即使硬盘被盗，数据仍是安全的。

(4) 移动设备管理(MDM)：管理和保护企业内部使用的移动设备的安全。

3. 数据保护技术

(1) 加密技术包括两种。①数据传输加密：如 SSL/TLS 协议，用于安全的数据传输。②数据存储加密：如 AES 加密算法，用于存储时数据的加密。

(2) 数据脱敏：对敏感信息进行脱敏处理，使其在不需要原始数据的情况下可以安全地处理或分析。

(3) 数据掩码：隐藏敏感数据的某些部分，如信用卡卡号。

(4) 数据备份及恢复解决方案：确保在数据丢失或损坏时能迅速恢复。

4. 访问控制和身份验证技术

(1) 单点登录(SSO)：允许用户使用一个身份凭证访问多个系统。

(2) 多因素认证(MFA)：结合多种验证方法(如密码、手机令牌、生物特征)提高安全性。

(3) 生物识别技术：利用指纹或面部识别，确保只有授权用户才能访问敏感数据。

(4) 权限管理系统：控制用户对信息资源的访问权限。

5. 应用程序和数据安全技术

(1) 漏洞扫描和代码审查：识别和修复应用程序中的安全漏洞。

(2) 应用程序白名单：只允许经过批准的应用程序运行，避免恶意软件的运行。

(3) 安全信息和事件管理(SIEM)：实时监控数据，并发出安全警告。

6. 安全配置和管理技术

(1) 配置管理工具：确保系统和软件安全配置的正确性与一致性。

(2) 补丁管理工具：快速部署软件补丁，尤其是与安全相关的补丁。

7. 安全审核和监测技术

(1) 日志管理和分析：记录并分析与安全相关的事件，有助于问题诊断和合规性审核。

(2) 网络流量分析：检视网络流量，寻找异常模式或潜在的安全威胁。

8. 其他辅助性技术

(1) 令牌化：将敏感数据替换为无敏感性的随机生成的值。

(2) 区块链技术：应用在保护交易记录或提供不可篡改的日志方面。

这些技术通常需要协同工作，确保在不同层面上对数据隐私和信息安全提供保护。企业应根据自己的业务需求、行业规范和法律法规要求来选择并部署相应的技术和工具。同时，企业也应持续监测新出现的技术和威胁，以便及时升级和完善安全策略。

6.6 企业内部风险管理与审计

6.6.1 企业内部风险分类

在数据隐私保护与企业内部信息安全管理方面，企业内部风险可按不同类型进行分类，具体如下。

1. 人员风险

(1) 内部人员威胁：员工或合作伙伴滥用访问权限，故意或无意泄露敏感信息。

(2) 员工错误：由于疏忽或缺乏培训，员工可能会造成数据丢失或泄露。

(3) 社会工程：通过欺骗员工获取访问权限或敏感信息。

2. 技术风险

(1) 软件漏洞：未打补丁或存在漏洞的软件可能被别有用心之人利用，以访问企业千方百计要保护的数据。

(2) 过时的系统：使用过时的操作系统或应用程序，可能无法及时修复安全问题。

(3) 数据备份失败：不恰当或不频繁的数据备份可能导致难以恢复数据。

3. 物理风险

(1) 设备损坏：自然灾害、事故或设备故障可能导致数据丢失。

(2) 无安全存储：敏感数据未被安全地存储，易被未授权人员访问。

4. 过程和操作风险

(1) 访问控制不当：不正确的权限分配可能导致未授权访问。

(2) 执行不力：公司政策及程序若执行得不到位，会形成安全漏洞。

5. 法律和合规风险

(1) 不合规的数据处理：不遵守数据保护法律和法规可能导致合法风险和罚款。

(2) 不适当的数据共享：与合作伙伴共享数据时缺乏周全的协议，可能导致数据泄露。

6. 第三方风险

(1) 供应商风险：合作伙伴或供应商处理数据不当，可能影响企业数据安全。

(2) 外包服务：外包的 IT 服务或数据处理如果管理不当，也可能造成数据风险。

6.6.2　风险管理和审计措施

为了应对内部风险，企业需要采取一系列防范措施，具体包括以下方面。

(1) 员工培训与意识提升：定期培训员工，让他们了解信息安全和数据隐私的重要性。

(2) 强化内部政策：确保所有员工遵守安全政策和操作程序。

(3) 严格的访问控制：确保敏感数据只对需要知道的员工开放，并实施权限最小化原则。

(4) 技术上的安全措施：如使用加密、设置防火墙、安装安全软件等。

(5) 物理安全措施：保护敏感区域，限制外部人员和非授权员工访问。

(6) 定期的风险评估：定期检查内部流程和系统，并做好风险评估和管理。

(7) 应急计划和数据备份：确保企业有应对突发事件的计划和备份。

对于数据隐私和内部信息安全管理的风险，企业需采取综合性的风险管理和风险审计措施。

1. 风险管理

以下是风险管理的步骤。

步骤 1：风险评估

(1) 识别潜在风险：对内部系统、业务流程和环境进行全面审查，以确定可能导致数据泄露或其他安全问题的风险点。

(2) 分析风险：确定每个风险的可能性和影响，以便进行优先级排序。

步骤 2：风险处理

(1) 转移风险：使用保险或第三方服务(例如云服务提供商)来转移风险。

(2) 规避风险：修改业务流程或技术实践来避免风险。

(3) 降低风险：实施控制措施和技术解决方案降低风险发生的可能性。

(4) 接受风险：对于低风险或成本过高的情况，决定接受风险。

步骤 3：落实风险控制措施

(1) 设计并实施策略和程序：包括信息安全策略、数据保护原则、访问控制和物理安全。

(2) 安装技术防护措施：例如防火墙、加密解决方案、入侵检测系统。

(3) 教育和培训：对所有员工进行信息保障和数据隐私教育。

(4) 定期监控和维护：不断监测风险控制措施的有效性，并及时更新。

步骤 4：持续监控

(1) 实施日志和监控系统：如使用安全信息和事件管理(SIEM)系统。

(2) 定期审查访问控制和权限：确保只有授权用户能访问敏感信息。

步骤 5：改进和适应

(1) 定期复审风险评估：随着业务环境和技术的变化，重新评估风险。

(2) 更新风险管理计划：将新的威胁和变化纳入计划。

(3) 审计结果应用：从审计和事故报告中学习，并将改进措施反馈到风险评估过程中。

2. 风险审计

以下是风险审计的步骤。

步骤 1：制定审计规划

(1) 确定审计目标：根据公司的风险评估和业务优先级制定审计目标。

(2) 分配资源：选择合适的内部审计团队或聘请外部审计师。

步骤 2：执行审计

(1) 文档和流程审查：检查政策、程序和文档是否与最佳实践和合规要求相符。

(2) 控制措施验证：检验安全控制和流程是否得当、有效并正确执行。

(3) 面试和问卷调查：与员工沟通，了解他们对政策和程序的理解和执行情况。

步骤 3：撰写审计报告

(1) 撰写审计报告：报告需要详细记录审计过程中发现的各项问题。对每一个问题进行评估，即分析这些问题可能对公司的运营产生怎样的负面影响。基于这些发现提出具体的建议，以帮助公司改进现有流程，解决这些问题，避免未来的风险。

(2) 将审计结果传达给管理层：完成审计报告后，将审计结果呈递给公司的管理层，确保管理层了解审计过程中发现的问题，并且清楚这些问题可能对公司造成的影响。只有管理层了解了这些信息，才能采取适当的行动来解决问题。

步骤 4：采取纠正和预防措施

(1) 确定行动计划：针对审计发现的问题制定纠正措施。

(2) 实施改进：按照行动计划进行必要的流程改动、员工培训和技术更新。

(3) 评估措施成效：跟踪纠正措施的实施情况，并评估其改善效果。

通过这些经过结构化的风险管理和审计过程，企业可以有效识别、评估和缓解内部数据隐私和信息安全风险。此外，通过定期审计，企业可以确保持续合规，并在必要时进行及时的调整和优化。

在第 6 章中，我们深入探讨了企业如何在面对越来越复杂的数据安全威胁时，通过系统化的管理流程和先进技术手段保护数据隐私和加强内部信息安全。首先，企业需要对持有的数据进行严格分类，确保对不同敏感级别的信息采取适当的保护措施。基于这种分类，企业可以制定符合法规要求的数据隐私政策，并通过技术手段(如数据加密和访问控制)来支持这些政策的执行。

同时，企业必须制订全面的数据泄露应对计划，以便在安全事件发生时快速响应并最小化损害，同时采取修复措施以恢复业务运作。为了加固这一防线，员工的信息安全教育和培训不可或缺，企业需要不断地加强员工对安全威胁的认识和提供对风险的防御能力。

企业安全防范措施的建立，旨在通过一系列技术手段和物理安全策略来预防潜在安全漏洞和入侵尝试。这涵盖了一整套信息安全管理体系(ISMS)的实施和应用，依托于国家认可的安全标准来构建企业安全防护体系。

为了确保长期有效的保护，企业需要有一个内部风险管理和审计机制，来定期评估和更新安全策略，并通过内部审计来监督和改善信息安全实践。通过这种持续的自我审视和改进，企业能够建立强大的数据隐私保护和信息安全管理政策，以保障其信息资产的安全与合规。

第 7 章

互联网内容审核与信息安全管理的技术、工具和方法

7.1　互联网内容安全管理的技术赋能

1. 技术能力模型概述

技术能力模型可以分为数据收集层、数据处理层、监测分析层、决策执行层和审计反馈层。每一层都是基于特定的技术和方法，以应对网络内容安全管理的需求。下面是一个目前比较通用的技术能力模型。

1) 数据收集层

数据收集层，其技术和方法具体如下。

(1) 网络爬虫(web crawling)：利用爬虫技术对互联网上的公开内容进行定时抓取，获取网页、社交媒体帖子、论坛讨论等内容。

(2) API 整合(API integration)：直接从数据源头获取内容。

(3) 数据流捕获(data stream capture)：实时捕获互联网流量数据，包括上传和下载的文件、实时聊天记录等。

2) 数据处理层

数据处理层，其技术和方法具体如下。

(1) 大数据存储技术(data storage)：使用大数据存储技术，如分布式文件系统(HDFS)、NoSQL 数据库(如 MongoDB)等，存储抓取或接收到的数据。

(2) 数据清洗(data preprocessing)：对数据进行清洗，如去除噪声、归一化、标签化等，以便后续处理。

(3) 数据分类(data classification)：使用自然语言处理(NLP)技术将数据分到不同的类别中，如政治、商业、色情、暴力等。

3) 监测分析层

监测分析层，其技术和方法具体如下。

(1) 内容分析(content analysis)：利用文本分析、图像识别和视频解析等技术分析内容，识别敏感信息或违禁内容。

(2) 异常检测(anomaly detection)：使用机器学习算法监测和检测异常行为或内容，如刷屏、群发垃圾邮件、网络钓鱼攻击等。

(3) 情感分析(sentiment analysis)：利用情感分析技术理解网络言论背后的情绪倾向。

4) 决策执行层

决策执行层，其技术和方法具体如下。

(1) 自动审核(automated moderation)：基于预设的规则和机器学习模型判定的结果，自动对违规内容进行标记、删除或隔离。

(2) 人机共生(human in the loop)：当面临复杂的决策时，送审给人类审查员。

(3) 报警系统(alert system)：当监测到特定的关键词或行为模式时，通过报警系统通知管理员。

5) 审计反馈层

审计反馈层，其技术和方法具体如下。

(1) 报表工具(reporting tools)：提供可视化工具，帮助分析人员和管理人员了解内容审查的效果和运营状态。

(2) 反馈回路(feedback loop)：建立反馈系统，让用户对审查结果进行申诉或反馈，确保整个内容监控系统的公正性和有效性。

(3) 审计日志(audit logs)：记录所有审查、标记和删除的操作，便于未来进行审计或复审。

2. 针对中国国情的技术能力模型

技术能力模型遵循从数据获取到决策实施的过程，同时强调审计与反馈的重要性，以此保证互联网内容管理的透明度和准确性。不断的技术迭代和模型优化也是模型建立之后持续维护的关键点。这个模型还需要考虑用户隐私保护、法律法规和国际标准等因素。

在进行互联网内容安全管理时，确实需要优化上述模型，以适应中国特有的法律法规、文化习惯和技术环境。以下是一个针对中国国情的技术能力模型的详细设计。

1) 遵守当地法律和政策

遵守当地法律和政策，具体做法如下。

(1) 法规遵从性原则(regulatory compliance)：必须确保所有内容安全管理的做法符合中国互联网相关法律、政策和规定，如《网络安全法》《信息内容生态治理规定》等。

(2) 敏感关键字列表(sensitive keyword list)：根据中国特有的内容过滤需求，设置敏感词汇和关键词名单，并定时更新，确保立即识别并处理包含敏感话题的内容。

2) 强化数据隐私保护

强化数据隐私保护，具体做法如下。

(1) 数据本地化(data localization)：根据中国的数据存储政策，确保所有收集的用户数据都存储在中国本土的服务器上。

(2) 应用用户隐私协议(user privacy protection)：加强对用户隐私的保护，确保不违反《个人信息保护法》等相关法律的规定。

3) 改进内容审查机制

改进内容审查机制，具体做法如下。

(1) 需要一套针对中国市场定制化的，能识别被禁止的组织、人物、事件和话题的内容检测体系。

(2) 增强模型对中国文化习惯的理解，准确辨别并适应地域性的表现形式，更细致地处理可能违规的内容。

4) 提升自动监控和审查效率

提升自动监控和审查效率，具体做法如下。

(1) 针对中文内容特点优化机器学习算法和 NLP 技术，提高自动内容分析的准确率和效率。

(2) 加强审查员的培训，确保他们能准确执行内容管理政策，并处理自动化系统无法解决的复杂情况。

5) 建立完善的监管和反馈机制

建立完善的监管和反馈机制，具体做法如下。

(1) 设立公正的用户申诉机制，符合中国的法律框架，让用户可以对内容处理决策提出异议。

(2) 定期进行性能审计，以确保内容安全管理系统执行的法规遵从性。

6) 加强技术和基础设施建设

加强技术和基础设施建设，具体做法如下。

(1) 鉴于中国庞大的互联网用户规模，需要设计可扩展的架构来应对大量数据的处理需求。

(2) 与本地科技公司合作，利用其在 AI、机器学习和大数据处理方面的专业知识和经验。

结合以上几点优化方向，可以使原有的模型更好地适应中国市场，满足具体的运营要求，并提高对互联网内容安全管理的有效性。在实施时，还需要保持对政策动态的敏感性，时常更新系统，确保与最新的法律法规保持一致。

3. 技术赋能技术和数字化工具

在规划和设计针对中国市场的互联网内容审核与信息安全管理模型时，可以在以下方面进行技术赋能，并应用各种技术和数字化工具。

1) 自然语言处理

自然语言处理(NLP)，具体做法如下。

(1) 关键词检测：利用 NLP 进行关键词和敏感词汇检测，确保及时识别和处理潜在的风险内容。可以使用机器学习训练的模型来对文本进行分类。

(2) 语义分析：通过语义理解技术，比如 BERT 等深度学习模型，分析句子和段落的真实含义，以更准确地识别言论的风险等级。

(3) 应用实例：某社交媒体平台为了防止不当言论传播，使用 NLP 技术中的关键词检测功能，自动扫描用户的发帖内容，如果发现敏感关键词，系统会自动将帖子标记为审查状态，禁止其发布，同时提醒管理员进行手动复审。此外，即使在没有明确的敏感关键词出现时，深度学习算法(如 BERT)也能够识别出具有讽刺、双关或隐喻的敏感内容。

2) 图像和视频分析技术

图像和视频分析技术，具体做法如下。

(1) 图像识别：应用深度学习技术如 CNN(卷积神经网络)进行图像识别，准确识别色情、暴力等违规图像内容。

(2) 视频内容审核：使用逐帧分析和物体识别技术来自动检查视频内容，借助深度学习算法对视频进行实时内容监测。

(3) 应用实例：直播平台需要保证直播内容的合规性。使用图像识别算法(如新浪、百度)，可对每一帧直播内容进行分析，识别是否有违规的图像或行为发生。例如，通过训练好的模型检测色情、暴力等内容。如果检测到违规内容，系统可以自动暂停直播并通知管理员。

3) 语音识别与审核

语音识别与审核，具体做法如下。

(1) 语音转文本：将音频内容转换为文字，之后使用 NLP 进行内容分析和检测。

(2) 语音分析：直接对语音流进行情感分析，识别潜在的敏感信息或异常活动。

(3) 应用实例：在一款语音聊天应用中，为了杜绝违法和骚扰信息的传播，引入语音识别技术，将语音信息实时转换为文本，并运用自然语言处理技术对该文本内容进行分析，及早发现可能的违规信息，根据政策决定是否干预。

4) 数据加密与安全存储

数据加密与安全存储，具体做法如下。

(1) 加密技术：使用 AES、RSA 等强加密算法保护数据传输和存储的安全，防止数据泄露。

(2) 安全数据存储：结合区块链技术等提供不可篡改的数据存储解决方案，保障存储的安全可靠。

(3) 应用实例：电商平台中，用户的交易信息是极其敏感的数据。采用最先进的加密技术(如 AES-256 位加密)来保护用户数据，确保在传输过程中不被截获。在存储环节，结合区块链技术，提供一个安全、不易被篡改的数据存储方法，进一步加强数据安全。

5) 实时监控与异常检测

实时监控与异常检测，具体做法如下。

(1) 流量监控：实时监控网络流量，分析数据包，识别异常行为，如 DDoS 攻击等。

(2) 行为分析：通过用户行为分析来预测和阻止潜在的不良行为，如刷屏和滥发广告。

(3) 应用实例：针对网络服务提供商，引入基于机器学习的异常检测系统。

该系统可以学习正常的网络流量模式，并在检测到异常行为(如 DDoS 攻击)时立即触发警报，让企业采取必要的措施。

6) 反馈与投诉处理系统

反馈与投诉处理系统，具体做法如下。

(1) 在线客服机器人：利用自动化的聊天机器人来及时响应用户的查询和投诉。

(2) 工单系统：自动化工单系统，对用户申诉和反馈进行分类、标记和响应，确保及时有效地处理用户问题。

(3) 应用实例：客户经常通过多个渠道提出投诉，可以采用在线客服机器人来统一管理这些反馈。机器人不仅可以提供 7×24 的即时响应，而且可以对问题进行分类并转交给相应的人工服务团队，提高投诉处理的效率。

7) 法律法规合规性检查

法律法规合规性检查，具体做法如下。

(1) 合规性引擎：构建一个自动化的合规性检查系统，以定期更新法律法规，并确保检查过程符合最新的法律要求。

(2) 审计与报告：提供自动生成审计报告的工具，确保内容审核的透明度和可追溯性。

(3) 应用实例：对于在中国运营的电子商务平台，可实施自动化合规性检查引擎。该引擎可以定期更新反映中国最新网络安全法规的数据库，并自动扫描平台内容，检查是否有违反最新法规的内容发布，确保平台的商户和用户行为始终遵守法律规定。

在应用这些技术和工具时，中国的企业还需要密切关注国家的政策动向，并不断调整技术方案以确保不仅在效率上，还在合法合规性上都达到最佳状态。同时，还需要处理好技术赋能与用户隐私保护之间的平衡，在避免侵犯个人隐私的同时提供高效的监控服务。以上模型展示了通过技术手段有效管理和审查内容，同时保护用户的信息安全，遵守相关的法律法规，并提升用户满意度。这些技术的应用需要在尊重用户隐私的基础上进行，确保技术使用不会侵犯用户的合法权益。同时，一定要知道技术并非万能，还需要良好的管理制度与之配合，以实现最佳效果。

7.2　互联网内容安全管理的人工审核赋能

在构建现代互联网内容安全审核团队时，我们考虑将团队分为多个层级，每个层级都有不同的职责和作用。以下是每个职位的工作职责及组织结构模型。

7.2.1 一线内容审核员

1. 工作职责

一线内容审核员(content moderators)的工作职责包括:

(1) 审核和筛选用户生成的内容(如图片、文本、视频和音频),以确保遵守平台的内容政策和相关法律法规;

(2) 对 AI 筛选系统标记的潜在违规内容进行二次审查;

(3) 处理用户举报和反馈,做出公正的审核判断;

(4) 跟踪和记录审查决策,为未来的培训和机器学习提供数据;

(5) 及时向上级报告敏感案例及流程异常,提出优化建议。

2. 胜任力模型

一线内容审核员胜任力模型如表 7-1 所示。

表 7-1　一线内容审核员胜任力模型

能力	具体内容
专业能力	● 掌握内容审核知识:对互联网内容管理相关法律、法规、社区标准和平台政策有深刻的理解。 ● 具备多媒体审查能力:有效识别不同格式(如文本、图片、视频等)的潜在违规内容。 ● 具备研判能力:擅长分析和判断用户生成内容是否违反相关规定。 ● 具备数据跟踪能力:准确跟踪和记录审查决策,便于日后进行数据分析和培训
沟通能力	● 具备内部交流能力:有效地与同事和管理层沟通,并清楚地报告案例与流程异常。 ● 能够处理用户反馈:分析用户举报和反馈的信息,通过适当的方式和用户沟通审核结果
自我发展能力	● 有较强的心理韧性:在面对不适内容时维持专业水准和稳定情绪。 ● 工作适应性强:能够适应快节奏和存在各种意外情况的工作环境。 ● 具备较好的学习能力:对新出现的内容类型、审查技术和政策变化有快速学习和适应的能力。 ● 具备处理变化的能力:在政策和市场环境变化时能够灵活调整工作策略

这些能力的赋能方式包括但不限于以下几种。

(1) 定期培训:定期进行内容审核标准、法规变化、系统操作等方面的专业培训,掌握最新的专业知识和技能。

(2) 导师制度：把资深审查员作为新入职者的导师，通过一对一辅导帮助新员工快速提升专业能力和审查技巧。

(3) 心理辅导：提供专业心理咨询和支持，帮助内容审核员处理工作中可能面临的情绪压力和心理负担。

(4) 反馈和引导：鼓励内容审核员之间及时分享个案经验，并从失败案例中不断总结和学习。

(5) 晋升机会：为表现优异的内容审核员提供晋升路径，如升级为高级内容审核员、内容安全分析师等，激励员工不断提升自我。

(6) 工作环境和工具改善：持续投资于审查工具和环境的优化，使审核更加高效和人性化，降低操作难度和心理压力。

(7) 绩效奖励：通过激励机制(如奖金、表彰等)，认可内容审核员的努力与贡献，推动他们保持高昂工作热情。

通过实施这些措施，不仅能够提升一线内容审核员的专业能力和工作效率，还能够提高员工的工作满意度，维护心理健康，从而打造出一个更加稳定和熟练的内容审核团队。

7.2.2　高级内容审核员

1. 工作职责

高级内容审核员(senior content moderators)的工作职责包括：

(1) 监督一线审核员的日常工作，提供专业指导；

(2) 对复杂的内容审核案例进行研究和处理；

(3) 参与审核工作的质量控制工作，确保审核工作的一致性和准确性；

(4) 提供定期的培训和工作坊，不断提升审核团队的专业能力；

(5) 参与制定和修改内容审核政策和流程。

2. 胜任力模型

高级内容审核员胜任力模型，如表 7-2 所示。

表 7-2　高级内容审核员胜任力模型

能力	具体内容
专业能力	● 对内容审核领域有深入的理解，可以处理复杂的审核案例； ● 确保审核工作保持高标准的一致性和准确性
管理能力	● 管理和激励下属，指导并监督一线审核员的日常工作； ● 设计并实施有效的培训和工作坊，不断提升团队的职业技能； ● 参与内容审核政策和流程的制定与修改，确保其实用性和合理性

这些能力的赋能方式包括但不限于以下几种。

(1) 领导力发展项目：通过管理技能的专业培训，助力高级内容审核员提升领导和团队管理能力。

(2) 高级专业培训：安排与其职能相关的高级培训，如高级内容审核策略、复杂案件处理等。

(3) 质量控制工具和策略：提供高级的分析和质量控制工具，培训如何使用这些工具来进行有效的质量监控。

(4) 教学技巧提升：提供相关培训，使其更好地进行知识传递和教学。

(5) 参与决策流程：将高级内容审核员纳入审核政策和流程制定，充分发挥其专业知识和实战经验的作用。

(6) 沟通技巧和团队协作强化：通过模拟和真实场景的沟通训练，提高其跨部门协作能力。

(7) 案例分析和应急管理：实施模拟紧急情况处理和复杂案例分析的练习，增强问题解决和应急响应能力。

(8) 伦理培训和敏感性意识：通过专业的伦理和敏感性培训，强化其在处理敏感内容时的专业判断能力。

(9) 数据分析能力提升：通过数据分析工具培训，使高级内容审核员能够更好地利用数据来改进流程。

通过对高级内容审核员进行上述赋能，可以确保他们在职业技能、决策能力、政策理解、团队管理和质量控制等方面保持领先，不仅能提升审核团队的整体工作质量与效率，还能够创造一个更具协作性和创新性的工作环境。

7.2.3 内容安全分析师

1. 工作职责

内容安全分析师(content safety analysts)的工作职责包括：

(1) 分析内容审核活动的数据，并从中发现趋势和模式；

(2) 评估审查决策和流程的有效性，提出改进建议；

(3) 进行风险评估，为管理层提供策略咨询；

(4) 运用数据驱动的见解，协助构建或调整自动化审核模型。

2. 胜任力模型

内容安全分析师胜任力模型，如表 7-3 所示。

表 7-3 内容安全分析师胜任力模型

能力	具体内容
专业能力	● 数据分析与模型构建能力：分析大量内容审核数据，发现其中的模式和趋势，构建和调整自动化审核模型。

（续表）

能力	具体内容
专业能力	● 技术运用与开发能力：灵活运用现有技术(如数据库查询、统计软件等)，参与开发满足新需求的工具。 ● 总结能力：总结数据分析结果和建议等，生成报告
评估能力	● 审查流程评估：对现有审查决策和流程进行系统评估，并提出切实可行的改进建议。 ● 风险管理与评估：对内容安全进行风险评估，并为决策层提供战略咨询，以规避潜在风险
沟通能力	将复杂数据和相关见解分享给非技术团队成员
管理能力	从高层战略的角度理解和分析数据，提出建设性的策略建议
自我发展能力	持续学习，以适应新的技术和方法

这些能力的赋能方式包括但不限于以下几种。

(1) 专业数据分析培训：提供数据分析、统计学、机器学习等相关专业培训，以提升员工的数据处理能力。

(2) 工作坊和研讨会：鼓励员工参与行业内或团队举办的工作坊和研讨会，掌握前沿知识和保持对最新趋势的敏锐度。

(3) 风险评估框架的培训：培训员工使用和开发风险评估工具，提升风险管理能力。

(4) 策略规划工具和方法：提供相关培训，使得分析师能够进行更高层次的战略规划。

(5) 沟通技能的提升：通过相关培训，改善员工将技术性数据翻译为业务案例的能力。

(6) 报告制作和呈现：培训员工在制作报告及对内外进行呈现的技能，如PowerPoint、Photoshop 等。

(7) 提供技术资源和工具：确保分析师们有访问先进分析工具和软件的机会，把握最新的技术发展动态。

(8) 跨部门项目参与：让分析师参与跨部门项目，获取跨团队合作和内部流程优化的经验。

(9) 鼓励创新和反馈文化：鼓励提出创新想法，并对现有流程提供建设性反馈，以加速改进和个人成长。

通过上述赋能措施，内容安全分析师可以充分明显提升分析技能、风险评估能力和战略建议提出能力，从而为内容审核团队和整个平台提供数据驱动的支持与决策依据，确保内容安全和合规管理。

7.2.4 AI/机器学习工程师

1. 工作职责

AI/机器学习工程师(AI/ML engineers)的工作职责包括：

(1) 开发、部署和维护 AI 内容审核工具，如自然语言处理和图像识别系统等；

(2) 利用收集的数据不断训练和优化机器学习模型；

(3) 实现可解释性 AI 框架，帮助其他团队成员理解 AI 决策过程；

(4) 积极探索前沿技术解决新出现的内容安全挑战。

2. 胜任力模型

AI/机器学习工程师胜任力模型，如表 7-4 所示。

表 7-4 AI/机器学习工程师胜任力模型

能力	具体内容
专业能力	● 技术专长：拥有 AI 领域(特别是自然语言处理和图像识别领域)的深厚技术基础和工作经验。 ● 编程能力：使用主流的编程语言和工具(如 Python、TensorFlow、PyTorch 等)开发复杂的 AI 模型。 ● 数据处理和分析：精通数据处理、特征工程和统计分析，能够从大规模数据中提取有用信息并用于训练 AI 模型。 ● 模型训练与优化：掌握机器学习算法，能够训练和优化高效、准确的机器学习模型。 ● AI 可解释性：理解并实现可解释 AI(explainable AI)技术，让非技术团队成员理解 AI 的决策过程。 ● 技术研究与探索：有探索和实施前沿 AI 技术解决新问题的能力和愿望。 ● 问题解决与创新：在内容审核领域提出并实施创新解决方案
沟通能力	具备良好的沟通技能，能与其他团队成员(包括非技术领域的人员)有效沟通，解释技术概念和项目进度

这些能力的赋能方式包括但不限于以下几种。

(1) 技术培训和认证课程：为员工提供 AI 和机器学习领域的专业培训课程和认证机会。

(2) 内部研发项目参与：允许工程师参与公司内部的研究项目，推动实践中的创新和技术探索。

(3) 引入技术导师和顾问：聘请行业内的专家定期进行辅导和技术交流，为团队提供新的见解和指导。

(4) 提供先进的工具和资源：确保工程师能够访问到最新的软件、硬件和数据资源，以便开发和测试先进模型。

(5) 跨部门合作平台：鼓励工程师与其他部门合作，理解业务需求，共同开发解决方案。

(6) 持续学习文化：建立一个鼓励自我提升、终身学习的工作文化，为员工提供线上和线下学习资源。

(7) 技术研讨会和会议：资助员工参加国内外的技术研讨会和行业会议，拓宽视野，获得新的思路。

(8) 项目管理能力提升：提供项目管理相关的培训，帮助员工更有效地计划和监管项目进度。

(9) 心理安全与失败容忍：创建一个安全的试错环境，鼓励创新尝试，即使失败，也不会受到惩罚。

通过实施上述赋能策略，AI/机器学习工程师能够持续提高其专业技能和工作效率，同时保持对行业前沿技术的敏锐洞察，为公司在内容审核领域提供强有力的技术支持和创新解决方案。

7.2.5　法律顾问/法规合规专家

1. 工作职责

法律顾问/法规合规专家(legal advisors/regulatory compliance experts)的工作职责包括：

(1) 确保内容审核标准和操作符合国内外法律法规和行业标准；

(2) 提供法律意见，协助处理有法律风险的内容；

(3) 定期学习关于新法规的知识，指导相关实践工作。

2. 胜任力模型

法律顾问/法规合规专家胜任力模型，如表 7-5 所示。

表 7-5　法律顾问/法规合规专家胜任力模型

能力	具体内容
专业能力	● 法律专业知识：掌握国内外法律法规、案例判例及行业标准等。 ● 分析和决策能力：在复杂场景下，对法律问题进行高效分析和判断，为公司决策提供法律支持。 ● 创新与解决方案提供：对法律问题进行创新思考，为复杂问题提供策略性解决方案。 ● 内容风险管理：能够准确识别和处理内容审核中的法律风险。 ● 伦理与职业操守：在工作中坚持职业道德和企业伦理，确保业务活动合法合规

能力	具体内容
沟通能力	● 拥有与不同利益相关方(包括机构、客户和政府部门)高效沟通和协商的能力。 ● 能够与公司其他部门或团队紧密合作，形成共同的工作目标和法律合规方案
自我发展能力	定期学习最新的法规政策变动，并将知识传递给团队成员，指导合规实践

这些能力的赋能方式包括但不限于以下几种。

(1) 法律知识更新和专业培训：定期为法律顾问提供与法律相关的持续教育和培训，包括最新法规的研讨会、行业内部的培训课程等。

(2) 实战案例分析：通过历史案例分析和模拟教育，让法律顾问实战演练，提高处理法律问题的能力。

(3) 内部法律研讨会：组织内部的法律主题研讨会，邀请公司内部或外部的法律专家举办讲座和进行交流。

(4) 法律数据库和工具接入：为法律专家提供先进的法律研究数据库、搜索工具和合规管理软件，以提高工作效率。

(5) 跨部门工作坊：定期举行与其他部门的工作坊和会议，提高团队协作和沟通的效率，确保法律观点能够融入公司决策。

(6) 持续教育资源：通过在线课程、研讨会、网站订阅等方式提供持续学习的资源，鼓励法律专家进行自我提升。

(7) 参与行业协会：鼓励法律顾问参加法律和行业协会，拓展专业网络，了解行业发展动态。

(8) 非技术技能培训：提供谈判、沟通、项目管理等非技术技能的培训，帮助法律顾问胜任相关工作。

(9) 支持性公司文化：建立支持性的工作环境，鼓励法律顾问在合规审查工作中尝试新的方法，哪怕这些尝试有时并不成功。

通过实施上述赋能策略，法律顾问/法规合规专家能够持续提升其法律专业知识和合规风险管理能力，同时保持对行业变化和法律趋势的敏感度，为公司在法律合规审查及风险管理领域提供专业的指导和支持。

7.2.6 用户体验分析师

1. 工作职责

用户体验分析师(user experience analysts)的工作职责包括：

(1) 研究用户对内容审核流程和政策的反馈，提高用户满意度；

(2) 分析用户行为数据，为产品设计和政策制定提供依据；

(3) 优化内容安全管理流程，减少对用户体验的负面影响。

2. 胜任力模型

用户体验分析师胜任力模型，如表 7-6 所示。

表 7-6　用户体验分析师胜任力模型

能力	具体内容
专业能力	● 产品知识：了解内容审核产品的工作原理、用户交互情况和界面设计等。 ● 用户研究技能：能够设计和执行用户研究，包括但不限于问卷调查、访谈、焦点小组等。 ● 数据分析能力：使用统计分析和数据可视化工具(如 Excel、Python 等)进行用户数据分析和见解提取。 ● 创新思维：在优化产品和流程时持续寻求创新和改进的方法。 ● 用户倡导：始终以用户为中心，能够将用户的需求和反馈转化为具体的产品优化措施
沟通能力	能够清晰地将研究发现、数据分析结果和推荐方案呈现给团队和利益相关者
管理能力	● 能够管理跨职能团队，确保用户研究项目按时保质保量完成； ● 与产品团队、工程师和其他利益相关者紧密合作，为产品决策提供有力依据

这些能力的赋能方式包括但不限于以下几种。

(1) 用户研究方法培训：提供关于用户研究方法和技术的定期培训，使分析师掌握最新的用户研究工具和方法。

(2) 数据分析技能提升：提供数据分析工具的专业培训课程，确保分析师掌握先进的数据处理和分析技巧。

(3) 产品设计协作工作坊：通过工作坊让用户体验分析师与产品设计师紧密合作，了解产品的最新趋势。

(4) 沟通技巧工作坊：组织相关培训，帮助分析师更有效地与其他团队成员进行交流。

(5) 项目管理认证：为有意向提升项目管理能力的分析师提供项目管理相关认证课程，如 PMP 或 Scrum 等。

(6) 创新挑战赛：鼓励分析师参与创新挑战赛或黑客马拉松，激发创新思维和团队合作精神。

(7) 定期用户反馈会议：安排定期会议让分析师直接从用户那里听取反馈，加强用户倡导意识。

(8) 跨部门战略对接：建立机制，促进用户体验分析师与公司其他部门(如营销、客服等)的战略对接，形成协同作用。

(9) 持续学习平台：提供在线学习平台和资源，鼓励分析师进行自我教育和终身学习。

(10) 行业会议和研讨：资助分析师参加行业内的会议和研讨，跟踪用户体验和内容审核的新动向和技术。

通过实施上述赋能策略，用户体验分析师能够持续增强对用户研究和数据分析的理解与运用，更好地为用户提供令其满意的产品体验，并为公司产品设计和政策制定提供更有力的支持。

7.2.7 培训和发展专员

1. 工作职责

培训和发展专员(training and development officers)的工作职责包括：

(1) 设计和实施培训计划，提升团队技能和知识水平；

(2) 评估员工的培训需求，定制个性化的学习路径；

(3) 监控培训效果，确保团队持续性成长。

2. 胜任力模型

培训和发展专员胜任力模型，如表 7-7 所示。

表 7-7 培训和发展专员胜任力模型

能力	具体内容
专业能力	● 课程设计能力：掌握成人学习理论，能够设计高效、吸引人的培训课程和材料。 ● 需求分析能力：通过调查、面谈等方法，准确评估员工的技能和知识需求。 ● 评估和反馈技巧：设计和运用培训效果评估工具，如问卷、考试、实际操作测试等，并根据反馈进行调整。 ● 技术工具运用：利用 LMS(Learning Management System，学习管理系统)、e-learning 平台、视频制作软件等技术工具来增强培训效果
沟通能力	清晰有效地呈现培训内容，并与受训员工进行有效的沟通和互动
管理能力	● 项目管理能力：有效规划和管理培训计划，包括预算、资源、时间和人员安排。 ● 领导和激励能力：激发员工的学习热情，推动形成支持性的学习文化
自我发展能力	对个人发展有持续学习的态度，了解最新的培训和发展趋势

这些能力的赋能方式包括但不限于以下几种。

(1) 专业培训师资格认证：为专员提供机会获得专业的培训师资格认证，例如 ATD 认证、CIPD 认证等。

(2) 教育心理学和成人学习理论课程：安排与教育心理学和成人学习理论相关的课程，帮助专员设计更好的培训计划。

(3) 技术工具培训：定期组织培训，使专员能够掌握和运用最新的培训辅助技术。

(4) 效果评估研讨会：组织有关如何评估培训效果的研讨会，提升专员的专业能力。

(5) 管理技能提升计划：提供项目管理和领导力相关的培训和指导，以提高专员的规划、执行和团队管理水平。

(6) 内部分享和学习平台：搭建平台或召开定期会议，以分享成功的培训经验、最新趋势和创意思考。

(7) 外部研修和交流机会：资助专员参加外部行业会议和研修，以便学习行业最佳实践和扩大专业视野。

(8) 学习文化的建设：推动建设支持性的组织文化，鼓励员工和团队进行知识分享，认可并奖励优秀的学习贡献。

(9) 资源和资料库：提供专业的在线资源和资料库，供专员自主查询和学习，以保持知识更新。

(10) 定期绩效评估和职业规划：进行定期绩效评估，结合职业规划和个人发展提供反馈和指导。

通过实施上述赋能策略，培训和发展专员能够持续提高自己在设计、实施和评估培训程序方面的能力，有效地支持公司团队技能的提升，确保持续的组织成长和员工职业发展。

7.2.8　技术支持专家

1. 工作职责

技术支持专家(technical support specialists)的工作职责包括：

(1) 为审核员提供所需的技术支持，解决审查平台的技术问题；

(2) 持续改进审核工作环境和工具，提高工作效率。

2. 胜任力模型

技术支持专家胜任力模型，如表 7-8 所示。

表 7-8　技术支持专家胜任力模型

能力	具体内容
专业能力	● 技术知识技能：深入理解审核平台的工作原理和技术结构，并具备排除常见技术问题的能力。 ● 解决问题的能力：快速有效地诊断技术问题，并提供合适的解决方案。 ● 客户服务意识：以用户为中心，提供优质的服务经验，并能够处理用户的技术支持需求。

能力	具体内容
专业能力	● 持续改进意识：主动识别工作流程和工具的改进机会，并能实施有效的改进措施
沟通能力	● 清晰地与非技术人员沟通，使问题和解决方案易于理解； ● 能够与其他团队成员(如软件开发人员、产品经理等)密切合作，共同解决技术问题
管理能力	规划和管理技术改进项目，确保按时按预算完成
自我发展能力	迅速学习新技术和工具，适应快速变化的技术环境

这些能力的赋能方式包括但不限于以下几种。

(1) 持续技术教育计划：提供课程和培训，以确保技术支持专员持续学习相关技术知识，提高专业技能。

(2) 问题解决工作坊：定期举办工作坊，以提升专员的问题解决和批判性思维能力。

(3) 客户服务培训：提供客户服务和沟通方面的培训，以提升技术支持专员的服务水平和沟通效率。

(4) 持续改进会议：安排定期会议，分享优秀案例和最佳实践，鼓励专员提出改进意见。

(5) 项目管理认证课程：为有兴趣提升项目管理技能的员工提供项目管理相关认证课程，如 PMP、CAPM 等。

(6) 跨部门协作活动：通过跨部门会议和团队建设活动，加强不同团队间的沟通和协作。

(7) 学习新技术的资源：为专员提供访问权限，以获取最新技术文档、在线课程和技术社区等资源。

(8) 定期技术分享会：建立定期的技术知识分享机制，鼓励团队成员分享他们的知识和经验。

(9) 技术挑战和创新赛：举办技术挑战和创新竞赛，激发专员的创新能力和团队协作能力。

(10) 绩效反馈与职业规划：实施定期的绩效评估，提供职业规划指导，帮助专员了解如何提升自己的技能。

通过实施上述赋能策略，技术支持专家能够提升其技术支持的能力，及时解决审查平台的问题，并持续推动工作环境和工具的改进，提高工作效率以及整体团队的技术支持水平。

7.2.9　内容安全主管

1. 工作职责

内容安全主管(content safety manager)的工作职责包括：
(1) 管理内容审核团队，包括行政管理、预算制定和目标设定等；
(2) 制定内容安全政策和流程，确保与公司愿景和合规性相一致；
(3) 对外联络、协调其他部门、政府机构或第三方合作伙伴；
(4) 负责审核团队的整体绩效管理和团队建设。

2. 胜任力模型

内容安全主管胜任力模型，如表 7-9 所示。

表 7-9　内容安全主管胜任力模型

能力	具体内容
专业能力	● 决策和问题解决能力：在面临复杂和压力情境下，做出合理且迅速的决策。 ● 数据分析与报告能力：利用数据分析工具来评估内容审核的效果及影响
沟通能力	与内外部利益相关者进行有效的沟通和协调
管理能力	● 行政和领导能力：高效地进行团队管理，包括预算制定、目标设定和工作分配等。 ● 政策制定与合规性知识：理解有关内容安全的法律和规则，制定并更新符合公司愿景和法律法规的政策。 ● 团队建设和人才培养能力：塑造稳定和高效的团队合作环境，激励和培养团队成员。 ● 变革管理能力：在不断变化的市场和技术环境中有效实施和管理变革。 ● 绩效管理能力：设计和实施绩效评估体系，以监控和提高团队整体表现

这些能力的赋能方式包括但不限于以下几种。

(1) 管理者发展计划：为内容安全主管提供管理技能培训，包括领导力、团队动力和冲突管理等。

(2) 合规性和政策研讨会：定期举办有关行业标准和法律合规的研讨会，保证主管在制定政策时能够遵守相关法规。

(3) 高效沟通技巧工作坊：通过工作坊，提高主管的沟通、议事和谈判能力。

(4) 绩效管理系统培训：针对绩效管理系统进行培训，使主管能够更准确地评价和管理团队绩效。

(5) 决策制定研讨会：提供有关战略思维和决策制定的专门培训。

(6) 团队建设活动：组织团队建设活动，加强团队间的沟通和协作。

(7) 变革管理课程：通过课程学习，帮助主管学会如何领导和管理组织变革。

(8) 数据分析工具的训练：提供训练，使主管能够高效使用数据分析工具，以做出基于数据的管理决策。

(9) 心理健康和抗压培训：考虑到内容审核的潜在情感影响，对主管进行心理健康和抗压培训，以增强团队的韧性。

(10) 个人绩效反馈和晋升路径规划：提供定期反馈，并协助内容安全主管规划职业发展路径。

通过实施上述赋能策略，内容安全主管不仅能够有效管理团队，提高工作效率，还能持续更新相关知识，提高决策质量和应对日益复杂的内容安全环境的能力。

在互联网内容安全管理的人工审核领域，赋能主要集中在培养内容安全主管对政策的理解，提高他们的决策能力和效率，以及增强应对工作压力的心理承受力。通过定期的专业培训，内容安全主管能够掌握最新的合规要求和审核标准。绩效管理培训和团队建设活动可以帮助提高团队的协作效率。同时，考虑到内容审核的潜在情绪影响，可以通过组织心理健康研讨会和制订相关计划来强化内容安全主管的韧性和保持良好的心态。这些综合性措施确保人工审核工作既高效又符合公司与法规的要求，也为内容安全主管创造了一个支持性和可持续发展的工作环境。

7.3 文字、图片和视频内容审核

随着互联网的普及，社交媒体、视频分享和直播平台的兴起，互联网内容的交互量迅速增加，内容形式也多种多样。为了遏制违法、暴力、恶意信息、色情、仇恨言论、版权侵权等内容在互联网上的传播，互联网内容审核逐渐分化为对文字、图片和视频的合规治理。

不同的互联网内容载体具有不同的特点，对其进行审核治理的技术、工具和方法也存在较大的差异。随着人工智能和大数据技术的不断发展，能够应用于文字、图片和视频审核的算法和模型日趋成熟。这些技术的发展推动了内容审核的精细化、专业化和标准化，通过科技的赋能能够有效提升互联网内容审核的效率和质量。

7.3.1 文字内容审核

文字是最早通过互联网大规模发布和传播的内容形式，也是最早应用人工智能技术进行分析、识别和模拟的对象。随着人工智能技术的不断迭代和完善，文字内容审核成为人工智能技术中识别精准度最高、应用最广泛、最具可替代性的审核类型之一。以下是一些常见的文字内容审核技术、工具及方法。

1. 关键词过滤

1) 技术原理

技术原理：使用预先定义的关键词列表，对文本内容进行扫描和匹配，以识别可能存在问题的内容。

2) 常见算法

常见算法：常见的关键词过滤算法有 Trie 树、DFA、AC 自动机等，算法不同，其运用的场景也不同，但是这些算法都在识别能力、匹配效率、匹配精准度等方面发挥了自身的优势。

(1) Trie 树：一种基于前缀匹配的数据结构，常用于敏感词过滤。将敏感词构建成一棵 Trie 树，然后对待审核文本进行匹配，如果匹配到敏感词，则进行过滤。Trie 树的时间复杂度与敏感词数量和待审核文本长度有关，具有较高的匹配效率。

(2) DFA(Deterministic Finite Automation)：一种确定有限状态自动机，常用于敏感词过滤。将敏感词转化为 DFA，然后对待审核文本进行状态转移匹配，如果匹配到敏感词，则进行过滤。DFA 算法的时间复杂度与敏感词数量和待审核文本长度无关，具有较低的匹配效率。

(3) AC 自动机(Aho-Corasick Automation)：一种多模式串匹配算法，适用于关键词过滤。将敏感词构建成 AC 自动机，然后对待审核文本进行匹配，可以同时匹配多个敏感词，具有较高的匹配效率。

3) 应用时间

应用时间：关键词过滤技术早在互联网发展初期就开始应用了，如谷歌公司在 2006 年开始使用关键词技术对文字内容进行治理。随着时间的推移和技术的迭代，关键词过滤的精确性和效率得到了提升。

2. 自然语言处理(NLP)

1) 技术原理

技术原理：利用机器学习和自然语言处理技术，对文本进行语义分析、情感分析、实体识别等，以判断内容的意图和情感倾向。

2) 常见算法

常见算法：常见的自然语言处理算法有文本分类、文本聚类、命名实体识别、情感分析、序列标注等，随着技术的不断迭代和发展，对自然语言识别和处理的能力不断增强，识别精准度和分析人脑化程度也逐步提升。

(1) 文本分类：是将文本分为不同的类别或标签的任务，可以用于判断文本是否符合审核要求。常用的文本分类算法包括朴素贝叶斯分类器、支持矢量机(SVM)、逻辑回归、决策树、随机森林等。

(2) 文本聚类：是将文本按照相似性进行分组的任务，可以用于将相似的文本归为同一类别进行审核。常见的文本聚类算法包括 K-means、层次聚类、

DBSCAN 等。

(3) 命名实体识别：是识别文本中特定命名实体(如人名、地名、组织机构名等)的任务，用于检测和过滤出特定类型的敏感信息。常用的命名实体识别算法包括条件随机场(CRF)、循环神经网络(RNN)和 Transformer 等。

(4) 情感分析：是判断文本情感倾向的任务，可以用于检测文本中的攻击性、仇恨性或负面情绪等内容。常见的情感分析算法包括基于词典的方法、基于机器学习的方法(如朴素贝叶斯、SVM 等)、基于深度学习的方法(如卷积神经网络、循环神经网络等)等。

(5) 序列标注：是将文本中的每个单词或字符进行标记的任务，可以用于识别和标记敏感词汇或禁止词汇。

3) 应用时间

应用时间：NLP 技术在内容审核中的应用逐渐增多，具体时间因公司和平台而异。大型互联网公司(如百度、字节、快手等)已广泛应用 NLP 技术。

3. 机器学习和深度学习

1) 技术原理

技术原理：通过训练模型，使其能够自动学习和识别不良内容的模式和特征，提高内容审核的准确性和效率。

2) 常见算法

常见算法：提到机器学习和深度学习，一定会涉及神经网络领域的技术发展。神经网络是一种计算模型，它受到生物神经系统工作方式的启发，通过模拟人工神经元之间的相互连接和信息传递来进行计算和学习。神经网络由大量的人工神经元(也称为节点或单元)组成，这些神经元之间通过连接(也称为权重)相互联系。每个神经元接收来自其他神经元的输入，对这些输入进行加权求和，并经过一个激活函数进行非线性转换，产生输出。这个输出可以作为其他神经元的输入，从而形成网络的层次结构。

(1) 深度神经网络(DNN)：是一种多层的神经网络结构，可以用于处理复杂的文字审核任务。通过多个隐藏层的非线性变换和特征提取，深度神经网络能够学习到更高层次的抽象特征。

(2) 卷积神经网络(CNN)：是一种常用的深度学习模型，特别适用于处理文本数据。通过卷积操作和池化操作，CNN 可以有效地提取文本中的局部特征，并应用于文本分类和文本审核任务。

(3) 循环神经网络(RNN)：是一种适用于处理序列数据的深度学习模型，常用于处理文本数据。通过循环单元的连续状态传递，RNN 能够捕捉文本中的上下文信息，并应用于文本分类和序列标注等任务。

3) 应用时间

应用时间：机器学习和深度学习技术在内容审核中的应用逐渐增多。具体时间因公司和平台而异，大型互联网公司在 2010 年后开始广泛应用这些技术。

4. 常见的文字内容人工审核方法

文字内容审核因技术识别能力和算法较为成熟，对人工审核的依赖性较弱，但是仍然存在不少场景需要进行人工审核，人工审核的常见方法如下。

(1) 规则对照：由专门的审核人员对文本进行逐条阅读和审核。审核人员会根据事先设定的审核准则和规则，对文本内容进行判断和评估，确定其是否合规或违规。

(2) 标注和分类：审核人员可以对文本进行标注和分类，标记不同类型的内容，如敏感词汇、暴力内容、色情内容等。这样可以帮助整理和归类文本，以便后续处理和分析。

(3) 专家评估：设立专家团队对特定领域的文本进行审核。专家可以根据自己的专业知识和经验，判断文本是否符合相关标准或规范。

(4) 团队协作：组建审核团队，由多个审核人员共同进行审核工作。团队成员可以相互协作、交流意见，从而提高审核效率和准确性。

(5) 审核策略和流程设计：建立合理的审核策略和流程，明确审核的标准和要求，确保审核工作的一致性和准确性。

随着时间的推移和技术的进步，上述技术、工具和方法已广泛应用于各大互联网公司的文字内容审核和治理中。同时，这些技术、工具和方法也在不断演进和改进，以提高内容审核的效果和准确性。

7.3.2　图片内容审核

随着通信技术的快速发展，以图片为载体的内容在互联网上得以大规模传播。同时，社交媒体和在线平台的兴起使用户能够轻松上传和分享图片，极大地丰富了互联网传播内容，颠覆了互联网传播对视觉的冲击。然而，与文字相比，图片内容具有提取难、识别难、对比难等特点，给内容审核技术带来了巨大的挑战。

随着技术的不断进步和迭代，图片内容的提取、识别和对比等问题逐步得到解决，人工智能技术在图片内容审核中变得不可或缺。以下是一些常见的图片内容审核技术及应用场景。

1. 图像识别技术

1) 技术原理

技术原理：利用计算机视觉和图像处理技术，对图片进行分析和识别，以检测和过滤不良内容，如色情和暴力内容等。

2) 常见算法

常见算法包括卷积神经网络(CNN)、目标检测算法、图像哈希算法、非法内容识别算法等。它们各有优势,运用于不同的图片识别场景。

(1) 卷积神经网络(CNN):是一种深度学习算法,在图像识别和分类任务中表现出色。它通过多层卷积和池化操作,提取图像中的特征,并使用全连接层进行分类。CNN 在图像审核中可以用于识别色情、暴力、敏感或违规内容。其中,经典的 CNN 模型包括 AlexNet、VGG、ResNet 等。

(2) 目标检测算法:用于在图像中定位和识别特定的目标或物体。在图像审核中,可以使用目标检测算法来定位和识别包含敏感或违规物体的图像区域。常见的目标检测算法包括基于区域的卷积神经网络(R-CNN)、快速的 RCNN(Fast R-CNN)、更快的 RCNN(Faster R-CNN)等。

(3) 图像哈希算法:用于计算图像的哈希值,将图像映射为固定长度的二进制码。在图像审核中,可以使用哈希算法对已知的违规图片进行标记和索引,进而快速检测和过滤相似的违规图像。常见的图像哈希算法包括平均哈希(average Hash)、感知哈希(perceptual Hash)等。

(4) 非法内容识别算法:使用机器学习或深度学习技术,通过训练模型来识别包含非法内容的图像。这些算法根据已标注的非法图像数据集进行训练,以区分合规和非法的图像。常见的非法内容识别算法包括基于特征的方法、基于深度学习的方法等。

3) 应用时间

应用时间:图像识别技术在内容审核中的应用逐渐增多。大型互联网公司(如字节、快手等)已广泛应用图像识别技术。

2. 敏感区域检测

1) 技术原理

技术原理:通过检测图片中的敏感区域,如裸露部分和暴力场景等,以识别可能存在问题的内容。

2) 常见算法

常见算法:常见的敏感区域检测算法有基于颜色和纹理特征的算法、基于深度学习的算法、基于目标检测的算法、基于感知模型的算法等。这些算法均可对图片敏感区域进行有效的信息提取和识别。

(1) 基于颜色和纹理特征的算法:使用图像的颜色和纹理特征来检测敏感区域。通过分析敏感内容通常具有的颜色分布和纹理特征,识别出可能包含敏感内容的图像区域。这种算法通常结合机器学习算法,如支持矢量机(SVM)或随机森林(random forest)进行分类。

(2) 基于深度学习的算法:通过使用卷积神经网络(CNN)或区域卷积神经网

络(R-CNN)等深度学习模型，可以学习图像中敏感区域的特征，并进行准确的检测和定位。这种算法通常需要大量的标注数据和训练时间。

(3) 基于目标检测的算法：通过训练一个目标检测模型，可以识别出包含敏感目标的图像区域。这种算法通常需要使用标注的敏感目标数据集进行训练。常见的目标检测算法包括基于区域的卷积神经网络(R-CNN)、快速的 RCNN(Fast R-CNN)、更快的 RCNN(Faster R-CNN)等。

(4) 基于感知模型的算法：基于人的感知模型，通过分析人类对敏感内容的感知和关注，来检测敏感区域。例如，可以使用注视点模型和视觉显著性模型来识别图像中引人注意的敏感区域。

3) 应用时间

应用时间：敏感区域检测技术相对较为复杂，需要机器进行大量的纠偏和学习才能达到良好的效果。大部分大型互联网公司在 2010 年后开始广泛应用这些技术。

3. 特征提取和相似度匹配

1) 技术原理

技术原理：通过提取图片的特征矢量，并与数据库中的已知不良图片进行相似度匹配，以识别和过滤不良内容。该技术存在较大的局限，需要不断维护和更新数据库中的已知不良图片，才能达到所需的识别精准度。

2) 常见算法

常见算法：大部分的特征提取和相似度匹配算法与图片识别技术及敏感区检测相似，属于同类算法的场景延伸，但其也有较为特殊的算法，如尺度不变特征变换算法、加速稳健特征算法等。

(1) 尺度不变特征变换(scale-invariant feature transform，SIFT)算法：是一种经典的特征提取算法，可以提取图像中的关键点和局部特征描述子。通过提取 SIFT 特征，可以对图像进行特征表示和相似度计算。匹配时常用的方法是计算特征之间的欧氏距离或余弦相似度。

(2) 加速稳健特征(speeded-up robust features，SURF)算法：是一种基于尺度空间的特征提取算法，类似于 SIFT，但具有更快的计算速度。SURF 可以提取图像中的关键点和特征描述子，并进行相似度匹配。匹配时常用的方法是计算特征之间的欧氏距离或余弦相似度。

3) 应用时间

应用时间：大部分大型互联网公司在 2012 年后开始广泛应用这些技术。

与文字内容的人工智能技术应用相比，图片内容的技术应用显然更具挑战性。对于机器的运算能力、存储能力、自我学习和迭代能力都提出了很高的要求，需要投入较高的软硬件成本来提升运算能力和识别准确度。然而，随着时间的推移和技术的进步,上述技术已广泛应用于各大互联网公司的图片内容审核和治理中,并发挥了巨大的作用。同时,图片内容的人工审核方法也日趋流程化、规范化,在任务流程执行、特征标准、审核迭代和闭环等方面均有比较完善的管理方法,可作为机器审核强有力的兜底,保障内容审核安全、可靠。

7.3.3 视频内容审核

随着视频分享平台和直播平台等的兴起,以视频为载体的内容在互联网上得以大规模传播。视频作为影响力最大的内容形式之一,是互联网技术发展成熟的产物,极大地丰富了互联网世界的内容,也是全民互联网化的重要基石。与图片相比,视频内容需要更关注其连续性、动态性和关联性,对内容审核技术提出了更大的挑战,需要进行视频分析、关键帧提取和语音识别等处理。随着技术的不断进步和迭代,人工智能技术在视频内容审核方面已经成为一种有效可靠的科技力量,并不断提升视频审核的准确性和效率。以下是一些常见的视频内容审核技术及应用场景。

1. 视频指纹技术

1) 技术原理

技术原理:通过提取视频的唯一特征,生成视频指纹,并与数据库中的已知不良视频进行比对,以识别和过滤不良内容。

2) 常见算法

常见算法:卷积神经网络(CNN)、循环神经网络(RNN)、感知哈希算法(Perceptual Hashing)等在图片内容审核中已有广泛应用,下面重点介绍基于帧间差分的算法和基于局部特征的算法。

(1) 基于帧间差分的算法:通过计算相邻帧之间的差异来生成视频指纹。常见的方法包括帧间差分法、帧间差分直方图等。通过比较视频指纹之间的相似度,可以进行视频内容的匹配和审核。

(2) 基于局部特征的算法:通过提取视频中的局部特征,如 SIFT、SURF 等,构建视频指纹。通过比较视频指纹之间的相似度,可以进行视频内容的匹配和审核。

3) 应用时间

应用时间:视频指纹技术在内容审核中的应用逐渐增多。大型互联网公司(如字节、快手等)在 2018 年后开始广泛应用视频指纹技术。

2. 视频内容分析

1) 技术原理

技术原理:利用计算机视觉和机器学习技术,对视频进行分析,识别和分类不良内容,如色情和暴力内容等。

2) 常见算法

常见算法：包括视频物体识别、视频场景识别、视频情感分析、视频文本识别等，可对视频内容属性进行精准的判断。

(1) 视频物体识别：旨在检测和识别视频中的物体。通过使用深度学习模型(如卷积神经网络)，可以对视频中的帧进行物体检测和分类。这种算法可以用于审核视频中是否包含违规物体或特定的内容。

(2) 视频场景识别：旨在识别视频中的场景类型，如户外、室内、街道等。通过分析视频中的帧序列，可以推断视频的内容和上下文。这种算法可以用于审核视频的场景是否符合特定的要求。

(3) 视频情感分析：旨在识别视频中表达的情感，如喜悦、愤怒、悲伤等。通过分析视频中的语音、面部表情、动作等特征，可以推断视频传达的情感状态。这种算法可以用于审核视频中的情感内容是否合适或具有威胁性。

(4) 视频文本识别：旨在从视频中提取和识别出现的文本信息。通过使用光学字符识别(OCR)技术或文本检测和识别模型，可以提取视频中的文字内容。

3) 应用时间

应用时间：视频内容分析技术需要强大的数据库支持，大部分大型互联网公司在 2013 年后开始广泛应用视频内容分析技术。

3. 关键帧识别

1) 技术原理

技术原理：通过提取视频中的关键帧(即视频的关键图像)，对关键帧进行分析和识别，以判断视频内容是否存在问题。

2) 常见算法

常见算法：包括基于图像质量评估的算法、基于帧间差分的算法、基于运动分析的算法等，通过算法选择出关键帧，用于视频内容分析及识别。

(1) 基于图像质量评估的算法：这种算法通过对视频帧进行图像质量评估，识别出图像质量较高的关键帧。常见的图像质量评估算法包括结构相似性(SSIM)、峰值信噪比(PSNR)等。根据评估结果，选择图像质量较高的帧作为关键帧。

(2) 基于帧间差分的算法：这种算法通过计算相邻帧之间的差异来识别关键帧。对于连续的视频帧，如果某一帧与其前后帧之间的差异较大，则可以将其识别为关键帧。

(3) 基于运动分析的算法：这种算法通过分析视频中物体的运动信息，识别出运动幅度较大或异常的帧作为关键帧。常见的方法包括光流法、运动矢量估计等。

3) 应用时间

应用时间：关键帧识别技术需要建立可靠的关键帧提取规则和模型，是视频指纹技术和视频内容分析技术的综合运用,在提升视频内容审核效率方面发挥了巨大作用。大部分大型互联网公司在 2015 年后开始广泛应用关键帧识别技术。

与图片内容的人工智能技术应用相比,视频内容的审核技术运用及完善突破了人工智能在规则建立、机器训练和运算能力方面的技术瓶颈。目前,上述技术已广泛应用于各大互联网公司的视频内容审核和治理中,大大提升了视频内容审核的准确性和效率。同时,视频内容的人工审核方法也日趋完善,内容分类、双重审核、播放速度、特征识别等方面均有了比较完善的管理方法和流程,以保障内容审核的安全性。

7.3.4 文字、图片和视频内容审核发展趋势

随着互联网内容载体的聚合化和多元化,未来的内容审核会呈现多载体模式并行、智能化机审份额递进式增长、人工审核逐步高端化等趋势。

1. 多载体模式并行

互联网真实的多元内容承载模式决定了审核平台信息入口的内容形式多种多样。因此,审核平台的技术处理能力需要兼容文字、图片和视频等多种内容载体。审核平台可以决定是否对内容按载体类型进行拆分审核,拆分后的审核结果亦可指向内容本身,决定内容能否通过审核。

2. 智能化机审份额递进式增长

随着人工智能技术的不断迭代,机器的自我学习能力不断增强,对被审核内容的信息识别和提取能力也不断增强。这使得机器能够替代人工审核的内容范围不断扩大。每一次技术迭代都会实现智能化机审份额的增长,从而实现机器审核和人工审核份额的新平衡。因此,在新的内容载体模式出现之前,智能化机审份额将随着人工智能技术的不断发展而递进式增长。机器审核将替代一部分当前由人工承载的审核任务,而人工审核将承载更复杂的互联网内容和场景的审核任务。

3. 人工审核逐步高端化

随着人工智能技术的发展,机器审核和人工审核实现了新的分工和平衡。未来的趋势是基础内容审查由机器主导,而复杂内容审查由人工主导,特别是对于特定类型的内容或敏感度较高的内容,需要 100% 由人工进行审核。因此,未来对互联网内容审核员的能力和素质要求也会越来越高。他们不仅需要具备敏锐的安全风险意识、专业的业务知识和良好的逻辑分析能力,还需要具备良好的知识更新迭代能力,以不断适应岗位的新要求。

第 8 章

互联网内容审核与信息安全
管理的操作与案例

8.1 信息技术类互联网内容安全管理解决方案

根据中国的互联网内容审核与信息安全管理环境，下面详细介绍一套适用于中国环境下的解决方案。

1. 规划阶段

(1) 合规性评估：分析相关法律法规，如《网络信息内容生态治理规定》《个人信息保护法》等，以确保解决方案完全合规；与本土法律顾问合作，理解最新的网络安全法和实践。

(2) 技术构架设计：考虑建立具备高度扩展性的架构设计，引入云服务，确保系统可以应对日益增长的数据处理需求；选择符合中国法律法规要求的数据处理和存储平台。

(3) 文化与政策宣导：围绕社会主义核心价值观培养公司文化；明确内容审核政策与社会主义核心价值观的关联，并严格执行。

(4) 本地化优化：强化中文 NLP 能力和适应中国特有的表达方式(如网络流行语)；设计和开发面向中国网络环境的自定义算法。

2. 主要指标设计

(1) 合规率：统计平台内所有内容中符合相关法律法规的比例，目标是趋于 100%。

(2) 处理速度：设置系统处理每条内容的时间指标，并且不断优化。

(3) 用户响应与反馈：设计用户满意度调查，定期收集用户对审核结果的反馈，以作为改进的依据。

(4) 系统稳定性：确保系统具有高可用性，减少由技术问题导致的内容审核中断的情况。

3. 具体执行

(1) 技术上线与测试：充分测试技术方案，包括测试算法在不同情景下的准确性和响应时间。部署系统到预生产环境，进行模拟真实负载的测试。

(2) 人员招聘与培训：招聘具备社会责任感和法律知识的内容审核人员。对审核团队进行专业的法规、心理健康和危机处理培训。

(3) 用户教育与合作：推出用户教育计划，通过在线教程、FAQ 等方式提升用户对内容审核重要性的认识。与其他互联网企业共享经验，共同营造健康的网络环境。

4. 遇到问题时的解决方法

(1) 技术演变对策：与中国的大学和研究机构合作，跟踪最前沿的技术进展；加大研发投资，保持技术的领先和快速响应能力。

(2) 法律法规适应性：设立专门的法律监测小组，第一时间响应和适应法律法规变化。

(3) 数据隐私与安全：强化内部数据管理流程，确保符合《个人信息保护法》的要求；定期检查和评估安全策略，确保无数据泄露和其他安全问题。

5. 取得成果

(1) 建立高效、准确的内容审核系统，把不良信息的扩散速度降至最低，提升信息安全水平。

(2) 在保障用户数据安全的同时，获得用户及政府部门的良好评价，促进品牌信任与社会责任感的形成。

(3) 在遵守相关法律法规的前提下，有效地维护良好的网络环境，并对中国互联网生态的健康发展做出积极贡献。

下面是一些解决方案案例，利于读者理解解决方案的运行机制。

6. 解决方案案例

【注】本书所述的解决方案仅用于设计参考。

1) 机器学习辅助的内容审核系统

(1) 规划。

- 使用自然语言处理(NLP)和图像识别技术来自动识别并标记可能违规的内容。
- 采用集成深度学习算法，以提升系统对新型违规内容的识别能力。

(2) 主要指标设计。

- 准确率和召回率：确保系统能准确识别违规内容，同时降低误标准确内容的频率。
- 处理时间：缩短内容审核的处理时间，争取实时或接近实时审核。

(3) 执行中遇到的问题。

- 高误报率导致大量内容需要人工复审，增加了审核负担。
- 新型违规内容形式的快速演变导致机器学习模型快速过时。

(4) 解决方法。

- 持续对模型进行训练和微调，使用在线学习或增量学习技术来适应新型内容。
- 实施人机协作审核流程，将可疑内容分类，让专家处理复杂或模棱两可的案例。

(5) 成果。

- 提高了内容审核的效率和准确性，减少了对人工审核员的依赖。

- 减少了违规内容在平台上的传播，保护了用户体验和品牌声誉。

2) 用户行为分析系统

(1) 规划。

- 分析用户行为数据，识别潜在的恶意行为和不良信息传播。
- 绘制用户画像，并对异常活动进行实时监控。

(2) 主要指标设计。

- 异常检测率：提高系统对不正常用户行为的检测频率。
- 响应时间：缩短从发现到响应恶意行为的时间。

(3) 执行中遇到的问题。

- 用户行为模式复杂多变，导致错误预测和误报。
- 必须在分析用户行为时确保遵守相应的隐私法规。

(4) 解决方法。

- 引入更多的行为指标和复杂的数据挖掘技术以减少误报率。
- 在收集和处理用户数据时严格执行数据隐私和保护政策。

(5) 成果。

- 及时地识别和响应了潜在的恶意行为，提升了信息安全水平。
- 维护了用户群体的健康社交环境，增强了平台对不良信息的控制能力。

3) 社区自助监督系统

(1) 规划。

- 建立一个让社区成员参与内容审核的机制，如举报系统和评价系统。
- 设立透明的审核流程与评判标准，鼓励社区成员对标准解释的投入。

(2) 主要指标设计。

- 用户参与度：提高社区成员参与内容监督的活跃度。
- 审核响应时间：缩短社区举报到审核团队响应的时间。

(3) 执行中遇到的问题。

- 用户可能因为误解或恶意而错误地举报内容。
- 处理大量用户反馈的运营成本较高。

(4) 解决方法。

- 制订用户教育计划和明确的举报指南。
- 使用自动化工具预筛信息，减轻审查团队负担。

(5) 成果。

- 构建了积极主动的社区文化，用户成为维护平台内容健康的一分子。
- 减少了审查团队的工作量，提高了违规内容处理的速度和质量。

请注意，上述解决方案只是示例，实际的解决方案规划和执行会根据具体的平台、内容类型、用户行为及相应的法律法规而有所不同。而且，随着技术的发展，还会制定新的解决方案。

8.2　人工审核类互联网内容安全管理解决方案

在中国，互联网内容审查政策要求所有网络服务商对其平台上的内容负责。有必要确保顺应国家法律法规，避免传播非法和不良信息。考虑到大量内容的涌入，具备一个完整的人机耦合、精确高效的体系是最合理的解决方案。

1. 解决方案的规划

(1) 目标：建立一个人工审核辅助系统，用于高效、准确地监控和管理互联网内容，同时遵守中国的法律法规。

(2) 技术实施：引入机器学习和自然语言处理技术辅助人工审核，提升初步筛选效率，减轻人工审核压力。

(3) 法律遵循：确保系统符合国家互联网管理的具体要求，并能够及时适应法律法规的更新。

2. 主要指标设计

(1) 准确率：人工审核辅助系统识别和过滤违规内容的准确率应超过 90%。

(2) 审核速度：系统应当能在特定时间内处理特定量的内容，例如，每分钟处理 1000 条消息。

(3) 法规更新响应时间：系统在接收到新的法律法规变更后，能够在 24 小时内完成规则更新并重新部署。

3. 具体执行

(1) 系统集成与部署：在现有的内容管理架构中集成 AI 辅助审核系统。

(2) 模型训练与优化：定期对机器学习模型进行训练和优化，以适应新的内容趋势和审核规则。

(3) 审核员培训：组织在线和离线培训课程和研讨会，提升审核员对新系统的操作熟练度和内容判断能力。

(4) 即时反馈机制：构建一个反馈系统，便于审核员对 AI 审核结果进行反馈，用于系统的持续学习和改进。

(5) 遇到的问题与解决的方法。

- 法律法规适应性：构建一个快速响应机制，每当有法律法规更新时，第一时间由法律团队解读并转化为规则，更新系统。
- 内容多样性处理：对于方言、地方文化、特殊术语的理解与应对，可以培养专门的地方审核团队，并对 AI 模型提供定制化训练。

4. 取得成果

(1) 成功构建了一个高效、准确的互联网内容安全管理系统，降低了违规内容的流通率。

(2) 通过系统与人工的紧密协作，确保内容审核的质量和速度均得到提升，同时提升审核工作的工作满意度。

(3) 大大降低了因内容违规导致的法律风险和负面舆论影响。

在这个解决方案中，关键是要平衡技术的应用和人工判断的灵活性，同时紧密跟随法规，确保互联网平台的内容管理不仅遵循法律要求，还能够保护用户体验不受侵害。实际操作中还需要考虑本地文化、语言和社会习俗，确保审查系统的公平性和透明度。

下面是一些解决方案案例，有助于读者理解解决方案的运行机制。

5. 解决方案案例

【注】本书所述的解决方案仅用于设计参考。

1) 社交媒体平台内容审核解决方案

(1) 方案规划。

- 目标：设计一个既能尊重表达自由又能打击网络暴力和非法内容的平台。
- 技术选择：选用 AI 辅助工具进行初筛，然后由人工进行复审。
- 培训：对人工审核员进行法律、伦理和技术方面的全方位培训。

(2) 主要指标设计。

- 准确性：误报率低于 1%，漏报率低于 5%。
- 响应时间：从用户举报到内容处理完毕的平均时间不超过 30 分钟。
- 用户满意度：用户满意度调查分数应达到 4 分以上(满分为 5 分)。

(3) 具体执行。

- 测试及上线：采用 AI 筛选算法在大量历史数据上进行测试，确保准确性在可接受范围内后上线。
- 监测与调整：定期检查人工处理的内容，确保审核质量，并对 AI 模型进行调整。

(4) 遇到的问题与解决的方法。

- 高峰流量期间的响应：增加云计算资源和临时审核人员以处理高峰期流量。
- 审查效率：通过持续的培训和反馈循环改进审查团队的效率。

(5) 成果。

- 该平台成功建立了业内公认的内容审核标准。
- 用户满意度稳步提升，社区环境明显改善。

2) 在线教育平台教学内容审查

(1) 解决方案的规划。

- 目标：确保所有教学内容和交流活动符合国家教育标准和企业规范。
- 审核流程：设计清晰可追溯的教材审核流程，涉及教师、管理人员、教务人员等多重审核环节。

(2) 主要指标设计。

- 审查周期：新提交教材的审核周期不超过 3 个工作日。
- 合规性比率：教学资料 100% 符合国家教育主管部门的要求。

(3) 具体执行。

- 内容审核团队构建：组建专职的教材审核团队，并定期组织培训，使团队人员掌握最新的法律法规及相关的专业知识。
- 流程优化：不断收集反馈，以优化审核流程，减少冗余步骤。

(4) 遇到的问题与解决的方法。

- 内容创新与规范之间的平衡：启动教师研讨会和工作坊，鼓励创新的同时确保活动符合规定。
- 潜在的版权问题：建立严格的版权审核机制，与版权机构合作监测侵权行为。

(5) 成果。

- 创建了一个内容丰富、符合法律法规要求的线上教育环境。
- 获得家长和学生的广泛好评，成为业界的标杆。

3) 电子商务平台商品描述与评论审核

(1) 方案规划。

- 目标：确保所有商品信息真实准确，用户评论真实反映用户意见。
- 流程设计：对商品描述和评论实施实时监控和定期审核机制。

(2) 主要指标设计。

- 实时监测率：实时监测 99% 的商品描述和评论。
- 处理时间：不良信息识别后的平均处理时间不超过 5 分钟。

(3) 具体执行。

- 技术部署：引入文本分析工具自动识别可疑信息，辅以人工复查。
- 制度建设：设立激励和惩罚机制，激励合规且诚实的卖家，处罚违规者。

(4) 遇到的问题与解决的方法。

- 处理大量数据：采用弹性计算资源，应对大数据量处理的压力。
- 准确性与效率的平衡：定期调整自动审核算法和流程，以获得最佳平衡。

(5) 取得成果。

- 大幅提高商品描述和用户评论的真实性，减少消费者投诉。
- 平台信誉得到商家和用户的认同。

4) 视频分享平台版权与违禁内容监控系统

(1) 方案规划。

- 目标：建立一个能够有效识别和过滤版权受限和违禁内容的系统。
- 技术部署：使用内容识别技术，如数字指纹和机器学习，以自动识别受版权保护的材料和违禁内容。

- 合作策略：与内容提供者建立合作关系，创建白名单，并实施版权所有者通报系统。

(2) 主要指标设计。

- 版权侵权删除率：被版权所有者认证的侵权内容删除率应达到 99% 以上。
- 违禁内容识别准确度：在保持高吞吐量的情况下，违禁内容识别的准确度达到 95% 以上。
- 用户申诉处理：用户申诉的处理响应时间不超过 24 小时。

(3) 具体执行。

- 版权数据库建立：建立和更新一个大规模的版权内容数据库，用于增强识别算法的准确性。
- 用户教育计划：开展用户教育，提高对版权法律意识和违禁内容规则的认识。
- 反馈机制：建立有效的用户反馈系统，收集用户对审核结果的反馈。

(4) 遇到的问题与解决的方法。

- 误识别问题：精细调整识别算法和人工复查机制，确保误识别的内容能够及时恢复。
- 版权争议处理：设立仲裁小组专门处理版权争议，以加快解决速度。

(5) 取得成果。

- 系统有效减少了平台上的版权侵权事件和违禁内容传播。
- 提升了版权所有者对平台的信任度，增加合法合规内容，降低了法律风险。

5) 网络论坛极端言论过滤机制

(1) 方案规划。

- 目标：创建一个能够识别并过滤恶意言论、仇恨言语和极端内容的系统。
- 审查流程：结合 AI 技术和专业的社会学、心理学审查人员组成双层审核体系。
- 用户引导：设计用户引导政策，鼓励建设性对话和积极内容的产生。

(2) 主要指标设计。

- 过滤效率：提升系统过滤不当言论的速度，目标为实时过滤。
- 用户满意度：通过用户调查，提升论坛的用户满意度。
- 复审成功率：对于被 AI 误拦截的内容，复审后恢复的成功率达到 98%。

(3) 具体执行。

- 多语种支持：开发相应的语言处理工具，针对不同语种内容进行有效过滤。
- 透明化政策：公布详细的内容审查标准和用户行为守则，增强透明度。
- 人员培训与支持：为审核人员提供必要的心理健康支持和案件处理培训。

(4) 遇到的问题与解决的方法。

- 文化差异问题：招聘具有多元文化背景的审核人员，以更精确地理解内容。

- 技术调整适配：不断更新 AI 审查算法，以匹配不断演变的网络言论特点。

(5) 取得成果。

- 论坛内的不健康言论得到有效控制，营造出积极的交流氛围。
- 降低了正当言论被误删的比例，保障了言论自由和建设性讨论。

6) 移动应用市场应用审核策略

(1) 方案规划。

- 目标：确保所有上架应用符合数据隐私、安全性及软件质量的标准。
- 审核流程：建立自动化和人工结合的审核流程，对每个提交上架的应用进行评估。
- 反馈机制：设立反馈渠道，允许用户和开发者就审核结果进行沟通。

(2) 主要指标设计。

- 上架时间：新应用从提交至上架的平均时间在 48 小时以内。
- 隐私合规性检查：新上架的应用完全符合隐私相关法规的要求。
- 安全漏洞识别率：对于提交的应用，识别潜在安全问题的准确率不低于 95%。

(3) 具体执行。

- 自动化测试工具部署：采用静态和动态分析工具自动检测应用中的潜在问题。
- 人工审核团队：组建一支专门的人工审核团队对自动化工具可能遗漏的问题进行复查。
- 教育与指导：为开发者们提供详尽的指导手册，帮助他们理解上架标准。

(4) 遇到的问题与解决的方法。

- 审核流程的瓶颈：引入更高效的工具和改进流程，以缩短审核周期。
- 自动化与人工审核的协调：定期培训人工审核员，确保他们能正确理解自动化工具的报告。

(5) 取得成果。

- 应用市场的整体质量得到提升，用户满意度大幅度提升。
- 应用开发者对上架流程的透明性和高效性表示认可，与应用市场维持良好的合作关系。

7) 新闻门户网站的虚假新闻监控系统

(1) 方案规划。

- 目标：严格把控新闻质量，快速识别并下架虚假或误导性内容。
- 合作建立：与事实核查机构建立合作关系，加强新闻真实性的监控。
- 技术投入：利用自然语言处理技术对新闻内容进行真实性分析。

(2) 主要指标设计。

- 下架时间：虚假新闻从发现到下架的时间平均不超过 2 小时。
- 用户信任度：用户对新闻门户网站的信任度达到 90% 以上。

- 事实核查精确度：对疑似虚假新闻进行事实核查，确保精确度达到 95%。

(3) 具体执行。

- 技术开发：开发基于 AI 的新闻核查工具，提高识别虚假信息的速度和准确性。
- 专业培训：对编辑和审核人员进行专业的核查和验证培训。
- 社区参与：鼓励用户举报可疑或虚假内容，参与社区监督。

(4) 遇到的问题与解决的方法。

- 假新闻的快速传播：提高算法的响应速度，缩短假新闻识别的时间。
- 误判问题：为用户提供申诉机制，对被误判的内容进行快速复审和恢复。

(5) 取得成果。

- 新闻门户网站成功提高了内容质量，增强了公众对其新闻报道的信任。
- 成功建立起行业标杆，提高了其他新闻媒体对虚假新闻处理的重视。

8) 城市交通管理智能监控系统

(1) 方案规划。

- 目标：使用先进的视频分析技术监控城市交通，实现违章行为自动检测和交通流量监控。
- 技术部署：部署城市范围内的高清摄像头网络，连接至中心处理系统，并使用人工智能进行实时分析。
- 合规性保护：确保所有监控活动符合当地的隐私保护和数据安全法规要求。

(2) 主要指标设计。

- 违章检测准确率：确保违章行为检测的准确率不低于 98%。
- 实时响应速度：交通违章行为检测后的响应时间不超过 1 分钟。
- 数据隐私合规率：所有收集和处理的监控数据必须 100%符合数据隐私法规。

(3) 具体执行。

- 视频分析技术开发：开发深度学习算法来分析视频内容，以识别违章行为。
- 监控网络建设：在关键交通节点安装高分辨率摄像头，实现全覆盖监控。
- 法规合规审查：定期对系统进行审查，确保满足最新的数据保护要求。

(4) 遇到的问题与解决的方法。

- 隐私泄露风险：实施严格的数据访问控制和加密措施，保障监控数据安全。
- 技术更新迭代：不断更新系统，应对不断发展的交通情况及更新的法规要求。

(5) 取得成果。

- 显著提高了交通违章行为的检测率，有力支持了城市交通法规的执行。
- 改善了交通流量管理，减少了交通拥堵的现象，提升了城市交通的整体效率。

9) 个性化在线教育平台

(1) 方案规划。

- 目标：提供个性化的在线教学体验以满足不同学习者的需求。

- 技术实施：利用机器学习模型分析每个学习者的学习进度和偏好，为其推荐合适的课程和学习资料。
- 数据分析：收集学习行为数据以优化推荐算法，并告知教师学生的学习进展。

(2) 主要指标设计。

- 学习者满意度：通过问卷调查，保持学习者的满意度在 85% 以上。
- 学习成绩提升率：学习者在平台上的平均成绩提升率达到 20%。
- 个性化推荐准确性：推荐系统所提供的个性化内容与学习者偏好的匹配度超过 90%。

(3) 具体执行。

- 算法优化：持续优化基于学习行为的推荐算法。
- 界面友好设计：设计直观易用的用户界面，以支持个性化体验。
- 教学资源丰富化：开发丰富的教学资源来满足学生不同的学习需求。

(4) 遇到的问题与解决的方法。

- 数据隐私和安全：实施数据保护政策，严格控制对学习数据的访问并确保合规。
- 教学质量：定期审核和评估推荐的教材内容，确保教学资源的质量。

(5) 取得成果。

- 学习平台成功吸引并留住了用户，学习效果显著提高。
- 个性化学习计划得到学习者和教育工作者的高度评价，并有效提升了学习完成率。

请注意，上述并非完整的真实案例，一些技术或实践可能在实际情况中略有不同，各公司在执行时必须根据自身大小、行业特性、资源和技术能力进行相应的调整。

在构建这些的案例时，重点是采用 AI 和技术解决方案改善服务、提升效率及解决特定问题。在实际操作中，各项指标、效率、效果和用户满意度等可能会因独特案例、文化环境、法律法规、经济条件及技术限制而大相径庭。因此，上述案例更多的是用于教学或概念性说明，实际实施需结合详尽的市场调研、法律顾问意见和技术测试。

8.3　社会类互联网内容安全管理解决方案

在内容审核领域，社会类内容是一个常见的板块，并且社会类内容涵盖的范围较广、内容复杂、潜在风险较高，对社会类内容的有效把控是确保网络内容的安全、健康、真实、合法，并符合社会主义核心价值观的重要方面。

1）社会类内容的分类

从内容类型上来说，社会类内容通常包括以下几个类型。

（1）涉政敏感内容：审核人员需要检查和判断内容中是否涉及政治敏感话题，如煽动颠覆国家政权、分裂国家、推翻社会主义制度等内容，以及映射社会事件、映射党政机关或国家领导人、暗示或暗指特定历史事件、否认历史和英烈等内容，如待审核内容否认我国抗战历史、对国家领土疆域进行不正确的展示等。

（2）暴力血腥内容：审核人员需要检查待审核内容中是否存在过度暴力行为、暴力暗示、含有血腥的场景等，这些内容可能会对观众造成心理伤害或引起社会不安，如打架斗殴、车祸现场、医学解剖场景等。需要注意的是，如果视频内容已经进行特定的打码或模糊处理、音频进行过必要的处理，内容是可以正常展示的。审核人员需要隔离和筛选的是对大众造成不良影响的内容，而非对此类信息的传播进行阻断。

（3）色情和低俗内容：审核人员需要检查待审核内容中是否存在色情或低俗内容，如露点、性暗示、低俗动作、敏感部位描写等信息，尤其需要注意的是，审核人员需要结合语境、背景，以及丰富的知识储备，对性暗示、隐晦色情、低俗内容具有一定的识别能力，而不能单纯以明显的色情展示作为判断依据，否则平台很容易就会成为隐蔽的色情诱导渠道。

（4）恶俗丑化内容：审核人员需要检查待审核内容中是否存在恶俗或丑化、歧视某些特殊群体的内容，常见的如地域歧视、残疾人歧视、民族歧视、谩骂、侮辱、恶意攻击、局域性引战等内容。审核人员需要注意区分单纯的表达不满、抱怨内容，避免对内容矫枉过正。

（5）恶意造谣和诽谤内容：审核人员需要检查待审核内容中是否存在恶意造谣、诽谤等不良信息，这些可能会对个人或社会造成不良影响。需要审核人员对信息的基本事实进行判断，尤其涉及群体、地域的话题和内容，需要审核人员谨慎判断内容中是否包含诋毁、攻击的词汇，如果能够识别信息的来源，则可以有效防止不良内容的外传，如通过平台建立谣言库，可以很大程度地帮助审核人员进行判断。

（6）违反社会公德内容：审核人员需要检查待审核内容中是否存在违反社会公德的内容，如吸烟、酗酒、赌博、婚外恋等违反社会公序良俗和社会基本道德的行为。待审核内容中如果是对该行为、现象的正常客观描述，或对行为的批判，在大多数情况下是可以通过的。审核人员需要特别注意的是，如果内容涉及近期的上级管控指令，则需要另行处理。

（7）宣扬或美化恐怖主义内容：审核人员需要检查待审核内容中是否存在宣扬、美化、支持恐怖主义的内容，如煽动暴力、恐怖袭击等行为，对恐怖组织、恐怖行动进行支持或辩解，提供加入恐怖组织的信息渠道、发布恐怖活动画面等。如果内容是对恐怖行为和组织的谴责、对历史事件的客观描述，则可以通过审核。

（8）涉及未成年人不良行为内容：审核人员需要检查待审核内容中是否存在

未成年人的不良行为，如早恋、暴力、危险动作等，是否存在教唆未成年人参加特定非法组织、进行非法活动等内容，以及含有不适合未成年的危险动作等。涉及未成年人的色情内容、色情诱导等是需要严格控制的。需要特别说明的是，随着互联网信息的发展，已经有越来越多的邪典内容伪装成普通的内容，从而对我们的未成年人造成非常高的潜在风险。例如常见的邪典动漫、恐怖游戏、邪典组织等，审核人员需要具备大量的知识，学习大量的内容，对涉及未成年人的内容做出有效的防控。

(9) 其他违反法律法规或社会公序良俗的内容：如涉及违法犯罪、破坏生态环境等的不良行为。

这些审核内容都是为了维护社会公共利益和道德价值观，确保互联网内容的合法性和适宜性。

2) 社会类内容的审核关注点

除了对内容本身进行审核外，在团队能力具备的情况下，审核人员在处理社会类内容时，如果能关注到以下几点，则可以提升对高质量内容的有效把控。

(1) 内容的真实性：审核内容是否真实可靠，尤其对于社会热点事件、突发新闻的内容，是否有虚假信息或误导性言论，对此类内容的审核判断是体现审核人员综合素质、审核团队内容把控能力的重要标志。在低水平的审核团队中，往往会出现对略有风险的内容或热点事件实行一刀切的打压或放出的现象，这都是具有风险的。

(2) 公正公平性：审核内容是否包含歧视性或偏见性言论，这些言论与客观描述如何区别，是抹黑还是陈述，是客观事件还是造谣传谣，这要求审核团队或人员具备较强的信息筛查和判断能力，并对内容中隐藏、映射的部分做出准确的识别。

(3) 公共秩序和道德规范：审核的内容并不一定是违规内容，这就需要审核人员具备准确而充分的道德视角，能从社会大众、国家政策的角度对内容进行识别。

(4) 社会责任和价值观：审核内容是否符合社会责任和价值观要求，是否有对他人或社会造成负面影响的内容，这需要依靠审核人员充分的社会阅历和知识储备，在抛开审核规则的情况下，对相关内容进行甄别，避免有害内容的传播，以及在看似不符合审核规则的情况下，准确判断内容的社会价值，确保对内容的正确操作。

(5) 语言文字规范：在部分审核场景或平台上，我们需要对内容中的语言文字的使用进行准确管控，例如新闻稿、正规媒体的文章等，内容文字和语句是否规范、准确、流畅，是否符合语言文字规范要求，而这要求审核人员具备较好的文字功底或语言能力。

(6) 知识产权保护：审核内容是否侵犯他人的知识产权，是否包含未经授权的抄袭、盗用等行为，是否有搬运内容，素材的使用是否合规，素材内容是否侵权等。

总之，在审核社会类内容时，我们需要全面考虑内容的政治、法律、道德、公共秩序、信息安全、专业性和权威性等方面的问题，以确保所审核的内容符合社会价值观和法律法规要求，还要对高质量内容进行有效保护、对正能量进行积极传播，通过对内容的准确管理促进社会稳定和谐。

3) 社会类内容人工审核的注意点

另外，为了有效和准确地对社会类内容进行审核和管控，审核人员在日常工作中还应特别注意以下几点。

(1) 审核流程和模型的有效使用：内容审核通常至少包含以下 4 个基础模块：机器审核、人工审核、用户投诉审核、结果复审。审核人员应当定期向上反馈在审核过程中所遇到的机器无法有效识别的内容(如某个违法组织的标识)，促使模型迭代，加强机器算法，提高机器审核准确率，减少明显内容的人工审核量。另外，充分利用用户投诉渠道，可减少在机器审核和人工审核误通过情况下的有害内容的数量，并且在既定的审核规则之外增加用户和社会视角。结果复审的使用，则是为了处理用户的反馈和确保审核结果的准确性，尤其是社会类内容的审核，需要向机器提供大量的学习素材，从而降低人工审核难度。

(2) 对国家政策的准确理解与落地：内容审核机构需要在信息源头把控舆论导向和价值取向，对政策进行深入的理解，并且将国家的政策有效宣贯和落地，确保审核人员能够始终依照国家的政策导向开展工作。这也意味着审核人员均需了解当前的社会政策和法律法规，对国际国内的事件、新闻重大政策保持敏感，并确保待审核内容不会违反相关规定。

(3) 工具和技术的应用：借助人工智能、审核模型、审核工具等，提升内容风控的能力和水平。例如采用更准确的 ASR 识别技术，在长视频中对重点 ASR 词进行前置预警，或采用更高效和准确的 OCR 技术，对不同变形变体内容进行识别和提示，对较多风险帧进行去重，提高审核效率等。这些都可以帮助审核人员更快速、更准确地完成审核任务。

(4) 团队的内部管理：制定完善的内部管理机制，培养审核人才队伍，可提升审核效果，确保审核工作的高效进行，保证审核质量。具体工作包括科学的绩效设计、目标的有效制定、安全事故的复盘追查、人员的培训和培养等。

(5) 对有争议的内容的正确处理：在遇到有争议的、模糊的内容时，内容审核人员需要小心谨慎，既要清除不当内容，又不能"误杀"合法内容。这需要审查人员具备较强的判断力和决策能力，需要通过大量的培训使人员拥有非常丰富的知识和经验的储备，同时结合当下时事热点、国家政策导向、监管部门或指令部门的明确要求进行综合判断。

总之，社会类内容的审核不仅需要技术和管理的支持，还需要对当前社会政策和文化背景的深入了解。

4) 案例审核流程展示

我们以一个常见视频 App 上的审核流程(见图 8-1)为例，向大家展示一个社会类发文是如何进审、审核员如何处理、团队之间是如何协作的。

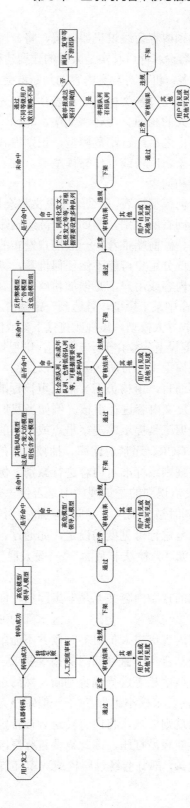

图 8-1　常见视频 App 的审核流程

当用户发文后，视频内容会经过机器转码，将一段拍摄的视频内容转换为机器可以阅读和识别的内容，这背后其实是大量的数据建模、人工标注的成果，模型能力越强、标注数据越多，机器对发文内容的判断就会越准确。

转码之后的内容将会经过各类模型及词表，例如先通过领导人模型，识别发文内容中是否包含领导人的画面、声音、文字、昵称、变体形象、其他已知的映射领导人的形象或内容；之后经过高危模型，识别内容中是否包含邪教标志、人物等；再之后是色情模型、广告或反作弊模型等。在一个健全的审核系统中，至少有十多种不同的模型和词表。

如果内容未命中任何模型词表，那么这个发文将会以一定的可见度向外放出。放出的策略也因产品不同有所区别，例如会把高级别账号发布的内容做正常的公开展示并推送给瀑布流、做前端推荐；一般用户发布的内容仅仅会推到瀑布流，而新用户发布的内容或低分用户可能不做任何推荐，需要通过用户搜索、进入主页才能看到，甚至有些内容或用户，必须加粉丝才能看到，等等。

假如发文内容已经命中某个模型，且达到一定阈值，那么这条视频将会直接被打压或处置，例如命中领导人模型，该视频直接下架或仅作者自己可见。如果发文内容已经命中某个模型但模型分数介于一定区间，则视频将会进入人工审核队列。

人工审核队列根据模型不同有所区分，并以抽帧、非抽帧形式对内容进行人工判断。就社会类内容而言，审核员需要根据审核标准，结合进审的原因——即队列对应的模型——对发文内容进行审核。例如当我们在审核"风险内容先审"队列时，审核员首先根据工具提示，观察重点或突出的"风险内容"是什么。这里的工具包括有 ASR、OCR、违禁对比库、抽帧当中的风险帧提示，等等。定位风险内容后，结合审核规则或标准对内容进行甄别。例如视频中疑似命中"公检法负面内容"，审核人员需识别的是该视频中是否包含公检法人员、元素，以及内容是否涉及"负面"，同时结合画风、导向，判断是否符合规则要求。如果符合，视频内容将按照操作规范进行可见度的设定，如通过、自见、粉丝可见等，或给视频设置不同标签，例如"公检法非负面""一般人群"等，再由机器策略根据标签分配可见度。

但是，有很大占比的视频内容并不是非黑即白，即并非有直接的违规内容。例如视频内容为普通市民与城管、交警、社区干部的冲突，再或者内容已经被机器提示疑似谣言，这类内容审核人员很多时候并不能单纯根据规则做出判断，进行一刀切的处置，而应结合当下监管部门的指令要求、产品导向要求、运营侧画风要求、个人能力、舆情信息等进行综合判断，然后进行准确操作。在部分审核团队内，会设置"疑难内容审核小组"，对于一般审核人员无法准确判断和处置的内容，审核员可以根据规则要求，将内容转送到该特定小组进行审核判断，尤其是高级别用户，我们不能轻易打压，因此需要进行更准确、更专业的甄别。

经过人工审核的视频，部分会经过质检或双审环节，以提高操作的准确率(见

图 8-2)。例如涉及领导人的内容，我们可以设定 100%的二次审核，两轮审核结果一致的情况下进行结果的应用，若两轮审核结果不一致，则推送到质检环节进行判断。审核内容的 3%～5%直接送入质检环节，如果一轮与质检的处置结果一致，则会应用结果，如果不一致，则会转送给高审或裁决进行最终判断。总之，最终的目标是要求我们对于作者的发文内容进行准确、专业的判断和操作。

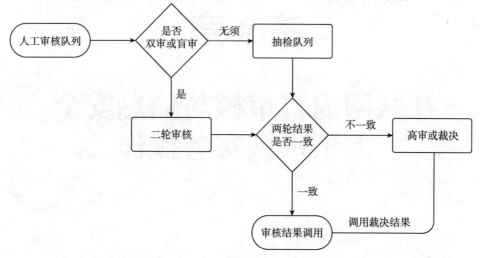

图 8-2 双审环节

最后，因社会类内容覆盖面广、内容繁杂、需结合时事进行判断，因此对于审核员、质检、部门配合、模型机器、舆情信息同步机制等的要求都要高于其他发文类型。因此，在一个审核团队中，对社会类内容是否能够做出准确判断，已经成为评估该团队能力的重要标志之一。

第 9 章

互联网内容审核与信息安全人工审核实务操作

9.1 人工审核解决的安全管理场景

在内容审核行业中，人工审核的主要工作是对音视频、图文、直播等内容进行审核、监管，并对不符合法律法规、运营规则的内容进行判断及审核操作。

9.1.1 以平台或功能区分的场景

人工审核的具体应用场景，以审核对象的平台或功能进行区分，常见的包括以下几个方面。

(1) 视频直播内容审核：在互动直播场景中，成千上万个房间并发直播，人工完全审核直播内容几乎不可能。基于图像检测能力，可通过对所有房间内容进行实时的切片监控、敏感词预警监控、公屏预警监控等，识别可疑房间并进行预警。

(2) 在线商城商品审核：通过审核商家/用户上传的图像，识别并预警不合规的图片，并以国家广告、工商等相关法律法规为依据进行管理，防止涉黄、涉暴、政治敏感类图像被发布，防止店家销售不合规范的商品，降低业务违规风险。

(3) 网站论坛图文审核：对用户发文、回复的图文内容进行审核，识别并预警用户上传的不合规图片或言论，杜绝违规风险内容的展示。

(4) 电商评论审核：监测电商网站产品评论，识别涉黄、涉政等违规评论内容，保证商品展示符合规范，用户拥有良好的体验。

(5) 注册昵称头像审核：对网站的用户注册信息进行审核，过滤包含广告、反动、色情等内容的用户昵称，不合规的用户头像，甚至平台用户设置的个人简介，也需要进行审核。

9.1.2 以审核模式区分的场景

人工审核管理场景如果以审核模式进行区分，主要包括以下几个方面。

(1) 图文内容审核：这包括对社交媒体内容(如用户发布的文章、文章评论等)进行审核，判断是否包含违规信息(如色情、暴力、诽谤等)；规范稿源内容，如对新闻稿件进行审核，确保内容真实、客观、无错误导向。

(2) 纯图片内容审核：常见的有电商平台对商品图片的审核，确保无违规内容。广告平台对广告图片或广告素材进行审核，确保符合广告法规和行业标准；其他图片分享平台，对用户上传的图片进行审核，防止违规图片的发布；视频直播中的切片审核，以及部分视频审核中的纯抽帧审核，也可以归为图片审核模式。

(3) 视频内容审核：主要有在线视频平台，如抖音、快手、腾讯视频、西瓜视频等，对用户上传的视频进行审核，确保无违规内容，如暴力、色情、恶意内容等；直播平台实时监控直播内容，确保无违规内容。

(4) 音频内容审核：各音频分享平台，如有声小说，对用户上传的音频文件进行审核，防止违规音频的发布；语音助手，对用户语音输入的内容进行审核，确保无违规信息。

9.1.3 衍生场景

除了以上常见的审核场景外，内容审核团队还需要介入或对接相关的衍生部门和衍生场景。

(1) 人工申诉、客服支持：当机器或人工审核对用户内容进行打压或限流后，用户对判罚不认可的，有可能会发起申诉，这时需要通过专门的申诉处理团队或客服团队进行二次判断，以保证内容的安全合规及用户发布的正当内容不被误打压。在安全审核场景下，接入的多是申诉处理团队，而在商业化场景下，多接入的是在线/热线客服团队。

(2) 个性化推荐与内容打签标注：基于人工审核的内容标签，通过人工对高热、超高热内容进行打签标注，可以对用户进行个性化推荐，推送他们可能感兴趣的内容，并提高机器算法推送的效果。在此场景中，人工审核可以帮助筛选出特定主题或类别的内容，如教育、旅游、美食等。

(3) 跨语言、小语种内容审核：对于多语言的内容平台，人工审核员需要具备多种语言的能力，以便准确理解和判断不同语言的违规内容。

(4) 实时监控与预警团队：对于特定的应用场景、时期或者大型活动，如新闻直播、大型活动直播等，人工审核团队应临时组建专门的实时监控审核小组，可以实时监控并预警潜在的违规内容或突发事件，阻止重大风险事件的传播。

(5) 面向特殊群体的内容审核团队：对于面向儿童、老年人的内容需要专门制定审核策略，并且在各种审核模式、场景下，如果没有专门的队列进行内容判断，人工审核需要更加严格，确保内容适合相应的人群，尤其在每年的寒暑假期间，需要对未成年人内容进行更广泛和及时的管控。

(6) 历史内容审查与追溯：回扫回查团队对于已发布的内容，进行定期审查和追溯，确保平台内容的合规性。例如在接到指令部门的明确指令要求时，要对特定事件、人物、词汇进行历史回查，确保平台上相关内容完全清理完毕，达到国家规范要求。

(7) 亚文化和特殊内容：对一些特定的亚文化内容，审核团队可以成立专门的学习小组对此类内容进行学习和知识补充，旨在对更隐晦的内容进行深入的挖掘和防范。

(8) AI 的训练与优化：标注团队将人工审核的结果应用于训练和优化 AI 内容审核模型，提高其准确性和效率，这可以大大降低人工审核的难度和业务量，减少人工审核的误判风险。

此外，人工审核还涉及其他应用场景，如内容分类、标签优化、质量分级等，衍生和涉及的业务需要根据产品的导向和市场的变化进行实际的拆分和优化。在实际应用中，人工审核员也需要遵循相关业务流程规范，确保信息处理的及时性和准确性。同时，他们还需要关注互联网信息相关政策、近期重大新闻和社会事件，及时发现并处理违法违规及恶意垃圾信息。

9.2　人工审核的环境要求

互联网内容审核行业的人工审核环境要求相对较高，需要满足一定的条件，以保证审核的准确性和效率，保障审核过程中的信息安全等。

9.2.1　网络通信要求

互联网内容审核行业的网络通信要求主要包括以下几个方面。

(1) 带宽要求：由于需要处理大量的图片、视频和文本等数据，内容审核行业需要较高的网络带宽。为了保证传输速度和效率，通常需要使用高速光纤或宽带网络，并且每个坐席不低于 10M 带宽。

(2) 稳定性要求：内容审核涉及大量的数据传输和计算，因此需要稳定的网络连接。一旦网络出现故障或波动，可能会影响审核的准确性和效率，通常需要配备至少两条专线用以保障网络的稳定运行。

(3) 安全性要求：由于涉及敏感信息，内容审核行业的网络通信必须保证高度的安全性。需要采取一系列的安全措施，如数据加密、防火墙、入侵检测等，以保护用户数据和审核内容的安全,并对于突发的网络入侵等状况要有应急预案，这在前面的章节已经详细阐述过。另外，通常需要进行点对点专线的配置，以确保信息交互的安全性。

(4) 可扩展性要求：随着发文内容快速发展和变化，内容审核行业的需求也在不断变化。因此，网络通信架构需要具备可扩展性，以适应未来业务的发展需求，各职场需要配备专职的驻场运维人员，以保障随时监测网络情况，并及时解决问题。

(5) 灵活性和可定制性：不同的客户和业务场景可能对网络通信有不同的需求。因此，网络通信方案需要具备灵活性和可定制性，能够根据客户需求进行定制和调整，并确保网络环境可以满足各类审核的要求。

另外，对于网络访问的权限需要进行必要的限制。一般采用的策略有白名单访问，即审核工位只能访问固定的白名单网址；黑名单限制，即审核工位除黑名单网址外均可以访问。具体选用怎样的策略，需要根据业务特性而定。特别需要注意的是，办公的网络环境需要关闭各类云盘、云空间、WPS 云存储、外部邮箱、输入法云功能等联网功能，要通过必要的限制确保保密信息的安全。

网络环境要求如表 9-1 所示。

表 9-1　网络环境要求

网络环境内容	环境要求
带宽	每个坐席不低于 10M 带宽
稳定性	至少两条专线
安全性	点对点专线，数据加密、防火墙、入侵检测等，对突发的网络入侵等状况等要有应急预案
可扩展性	有驻场运维人员
灵活性和可定制性	根据客户需求进行定制和调整
其他	白名单、黑名单策略，关闭各类云盘、云空间、WPS 云存储、外部邮箱、输入法云功能等联网功能

总之，互联网内容审核行业的网络通信要求较其他服务性团队更高、安全要求更为苛刻，需要综合考虑带宽、稳定性、安全性、可扩展性、灵活性和可定制性等。

9.2.2　设备配置要求

以视频审核为例，互联网内容审核行业的电脑设备配置要求主要包括以下几个方面。

(1) 处理器：多核心高性能处理器，能够快速处理大量数据和计算任务。建议使用 i5～10 代以上处理器，尤其在涉及画风、专项复审等队列时，审核人员往往需要打开多个文档、知识库进行业务知识的查询，因此需要对多线程的任务进行处理，所以在成本允许的情况下应选择性能更强劲的 CPU。

(2) 内存：大容量内存是保证电脑运行速度和稳定性的关键。建议使用 8GB 或以上内存(视频审核建议 16G 以上)，以保证多任务处理和大数据量处理的流畅性，内存偏小将会严重影响审核效率，并伴随有误判等安全隐患。

(3) 硬盘存储：为了保证数据的安全性和稳定性，建议使用高速的固态硬盘(SSD)，容量至少为 256GB。

(4) 显卡：内容审核中可能涉及图像和视频处理，因此要考虑显卡的配置。建议使用独立显卡，显存至少为 2GB。

(5) 显示器：显示器应该具备高分辨率和高色域，以保证图像的清晰度和色彩准确性。建议使用分辨率至少为 1920×1080 的显示器，色域覆盖率大。另外，显示器应尽可能选择大尺寸，至少为 24 英寸，以保证审核人员能够清晰地看到较为细小的内容。

(6) 网络接口：为了保证数据传输的速度和稳定性，建议使用千兆网卡或更高速的网络接口。

(7) 操作系统：建议使用 Windows 或 Linux 等主流操作系统，以保证软件兼容性和稳定性。注意：务必使用正版操作系统和软件，以确保没有其他安全隐患。

(8) 摄像头：摄像头的配置除了用于视频会议外，在必要的情况下可以通过管理视频监控的形式，查看员工工作状态，以及工作环境是否合规。因此，建议工位电脑具备基本的摄像头功能。

(9) 其他配置：除了以上核心配置外，还需要考虑其他配置，如键盘、鼠标、声卡、音响等，以保证使用的舒适性和功能性。

硬件配置的推荐规格如表 9-2 所示。

表 9-2　硬件配置的推荐规格

硬件配置	推荐规格(视频审核)
CPU	i5～10 代以上处理器
内存	16G 及以上
硬盘存储	固态 256G 及以上
显卡	推荐独显 2G 及以上，型号不限
操作系统	正版 Windows 或 Linux 等主流操作系统
电脑摄像头	高清 1300 万像素以上
生产区摄像头	高清 1080P 以上，能看到人员电脑操作画面
其他硬件设备	保障使用舒适和安全性

需要特别注意的是，无论是配备笔记本还是台式电脑，设备都需要关闭 USB 接口，避免因为外接设备而产生保密内容外泄的风险。

总之，互联网内容审核行业的电脑设备配置要求较高，尤其视频审核要求会更高，需要综合考虑处理器、内存、存储、显卡、显示器、网络接口、操作系统及其他相关配置。建议根据实际业务需求进行选择和配置，以保证电脑性能的稳定性和高效性，并兼顾团队成本。

9.2.3　作业场地要求

内容审核团队的作业场地要求主要包括以下几个方面。

1. 场地面积

根据团队规模和实际需求，选择足够大小的场地，以保证团队成员有足够的空间进行工作。场地面积也应考虑必要的消防和其他安全设施的部署。

2. 场地布局

场地布局应该合理，以满足团队成员之间的交流和协作需求。例如，可以将团队成员按照工作流程或业务领域进行分组，以提高工作效率和协作效果。另外，需要根据团队的规模和业务变化的需求，设置独立且保密性良好的会议室。会议室需要从外部无法看到室内情况，会议室也需具备良好的隔音效果，以保障保密内容的安全。

3. 安全性

场地内需对纸质物品、笔、非工作电子设备进行严格管控，尤其涉及高危审核内容或用户保密信息等内容时，对于内容信息的安全管控级别要提升到最高。现场不可以出现任何本、笔、手机、智能手表、记录仪、录音笔等物品，并且最大限度地减少员工个人物品的带入，以降低信息泄密的风险。

场地需要配置足够的桌椅、电脑、网络等基本设施，以保证团队成员能够顺利地进行工作。同时，应根据实际需要配置打印机、复印机、扫描仪等必要的办公设备。监控摄像头需要至少 1080P，监控视频不可进行压缩，且至少保存 6 个月，场地内的监控需要达到 360°无死角，并且能够从监控中清晰查看到工作人员的电脑操作画面。工作场地需设置至少 1 个入门的门禁，门禁需具备反潜功能，建议使用人脸识别系统，并配合出入记录与工作打卡信息，以有效管控人员的合规执行及考勤情况。另外，要同步配备好场地内的灯光、通风、有害气体监测等设施，保障信息安全的同时也要保障员工身心的健康和安全。

为了提高内容审核的效率和准确性，使用一些专门的工具和技术是非常有必要的。以下列举一些常用的技术手段。

(1) 模型能力：这是指利用人工智能和机器学习创建的算法，可以帮助自动识别互联网上的内容，并对其进行分类，如是否包含违规信息。

(2) ASR(自动语音识别)：用于识别和转录音频内容，以检测音频中是否含有违规信息。

(3) OCR(光学字符识别)：帮助将图片或扫描的文档中的文字转化为机器可读的文本形式，方便审核文字内容是否违规。

(4) 高危帧置顶或飘色：在视频中自动标记出看起来可能包含有害信息的特定画面，使它们更容易被审核人员注意到。

(5) 高亮词及维护：自动标记出可能表示违规内容的关键词，让审核人员迅速识别潜在问题。

(6) 风险词前置：将含有潜在风险的词汇提前展示给审核人员，以便快速进行处理。

(7) 高危案例实时同步：指在发现极有可能违规的内容时，能够实时通知审核人员，以便采取紧急措施。

(8) 以图查图：当需要确认一张图片是否违规时，可以通过比较数据库中的已知违规图片来快速识别。

(9) 违禁库对比：检查内容是否与已知的违规或不允许的内容匹配，比如违禁词汇表、违规图片库等。

以上工具和技术能显著提升互联网内容的审查能力，快速、准确地识别和处理不适宜的内容，保障网络环境的健康与安全。

4. 隐私性

对于涉及敏感信息的审核任务，场地需要具备较高的隐私性。可以采取适当的隔音、遮光等措施，以保证审核任务的保密性和安全性，尤其对于部分场地，在从窗外侧可看到场地内部的情况下，务必加强遮挡，以避免信息外泄。休息区、用餐区也应与生产区进行隔离。

5. 舒适性

内容审核工作较为枯燥，部分审核内容对员工的心理也会产生影响，因此场地的环境应该舒适、整洁，以保证团队成员的工作效率和心情。可以适当地配置绿植、照明、空调等设施，以提高场地的舒适度。如果成本允许，建议设置专门的休息区、讨论区，用于员工工作间隙的休息和放松，甚至设置母婴室，便于员工使用。

有些高危审核内容会对审核员心理产生一定的冲击，因此要保持审核员的身体健康和心情愉悦，以避免疲劳和压力对审核质量的影响。适宜的温度、照明、噪声控制和空气质量等都是需要考虑的因素。

综上所述，在部署内容审核团队的作业场地时需要考虑场地面积、场地布局、安全性、舒适性、隐私性等，具体如表 9-3 所示，为员工提供良好的工作环境，促进团队成员的交流与协作，提高工作效率和审核质量。

表 9-3　作业场地的要求

内容	场地要求
面积	符合团队规模要求，配备消防逃生通道及其他安全设施
布局	按照工作流程或业务领域进行分组，设置独立且保密性良好的会议室
安全性	对纸质物品、电子物品严格管控，如本、笔、手机、智能手表、记录仪、录音笔等
舒适性	配置绿植、照明、空调等设施，建议设置专门的休息区、讨论区、母婴室
隐私性	适当的隔音、遮光等措施，会议室需确保信息安全，将休息区、用餐区与生产区分隔

9.2.4　充足的人力资源和储备

人工审核工作需要有足够数量的审核人员，以保证审核任务能够及时完成，尤其在每年业务量的峰谷变化期间，审核团队需提前对可能出现的人力需求做准备，并对人员提前进行业务培训，以保证高峰或风险来临时能够有效应对。

1. 高效的团队协作

人工审核内容时，不同的团队和部门之间需要紧密合作，创建一个高效的工作氛围。举个例子，负责初步审核的工作人员可能会遇到很多新出现的、风险较高的内容或者突发的社会话题。这类内容可能是现有的自动化工具无法充分识别和处理的。此时，这些一线审核人员需要迅速将这些情况反映给负责制定规则和开发自动化工具的团队，从而更新和改进工具，减少对人工干预的依赖，降低审核中出现的风险，同时提升工作效率。而当制定新策略或调整现有策略时，这些信息需要及时传达给执行审核的团队，确保他们能够根据最新的要求进行调整，从而保证审核工作的顺利进行。

在审核过程中，各个步骤和环节的工作人员也需要互相配合，比如初步审核、质量检查、高级审核等，他们需要协同完成审核任务，并且及时沟通和协调遇到的问题。这样的合作可以保证审核工作的高效和准确。

2. 合理的排班制度

因为互联网上的内容不断更新，审核工作实际上是一个全天候、周无休息的工作——即每周 7 天、每天 24 小时都要有人在工作。为了应对这种不停歇的工作需求，就必须制订一个合理的排班计划。这个计划要确保在任何时候都有审核人员在岗位上，同时要考虑人员的休息时间，防止他们因工作过度而感到疲劳或劳累。

具体来说，我们可以设置一些规则来保障审核人员在工作和休息之间取得较好的平衡。比如规定每个人在两个工作班次之间应该有至少 12 小时的休息时间；整个团队的人力配备不能有超过 5%的误差；排班安排的灵活性应该保持在 80%～90%，既保证有足够的审核人员，也避免人员过剩；另外，任何一次连续工作的时长不能超过 12 小时。这样的措施能帮助审核人员保持良好的工作状态，同时顾及他们的健康。

3. 有效的奖惩机制

为了激发审核人员的工作热情，并且对任何违规行为或安全问题实施严格的追责和处罚，团队需要制定一个有效的奖惩系统。这个系统涵盖工作表现评估、奖励措施、晋升机会及安全责任的追究等。

简单来说，通过设定明确的绩效考核标准，我们可以公正地评价每位审核人员的工作表现；根据这些评估结果，提供相应的奖励，比如奖金、表彰或者晋升机会，以此激励他们持续改进和为团队做出积极贡献。同时，当发生违规操作或安全事故时，也需依据既定规则，对相关责任人进行必要的追责和处罚。通过这样的奖惩机制，可以鼓励审核人员保持高质量工作状态，并积极创新，同时确保他们在工作中始终遵循团队和组织的规范和安全标准。

4. 良好的企业文化和团队文化

建立一个良好的企业和团队文化不仅可以增强审核人员的归属感和团队凝聚力，还能提高团队工作效率，特别是在处理党政等高敏感内容的团队中，更需要注重引导正确价值观，建立积极向上的团队文化，只有营造一个正面且积极的工作环境，才能推动审核工作的高效执行。

总体来说，互联网内容审核领域对人工审核环境的要求很高，需要综合多个方面来进行深入考虑和有效实施。只有身处良好的工作环境、使用专业的审核工具、配备充足的人力资源、维持高效的团队协作，以及执行严格的管理制度，才能实现高效和准确的人工审核效果。

9.3　人工审核的组织搭建

为保证人工审核团队的审核规范性、审核质量及审核效率，需要建立完善的审核管理团队。在某人工审核团队的管理组织当中，其构成如图 9-1 所示。

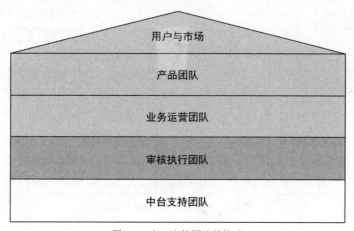

图 9-1　人工审核团队的构成

9.3.1　产品团队

一个产品如何运营、产品的用户画像和定位、产品的竞争力等，取决于产品团队的运作。产品团队通常包含产品经理、产品运营、技术开发、营销、测试等人员。产品团队也是审核团队需要上报结果的对象。

9.3.2　业务运营团队

业务运营团队是介于产品团队与审核执行团队之间的角色，审核执行团队需要向业务运营团队直接汇报工作结果，业务运营团队则根据产品团队的需求、导向、目标，对结果进行反馈和要求，同时对于审核执行团队的一些技术或策略上的需求，要向产品团队提出建议和促进解决，从而提高审核团队的执行效果。总体来说，业务运营团队是一个中枢环节，需要同时对接多个或多种执行团队，从而达成产品团队的目标。

9.3.3 审核执行团队

审核执行团队是执行具体审核任务的团队，团队需要按照审核标准对内容进行仔细审查，确保内容的合规性和准确性。

以一个标准化的内容审核团队为例，在审核执行团队当中需设置以下具体岗位(见图 9-2)。

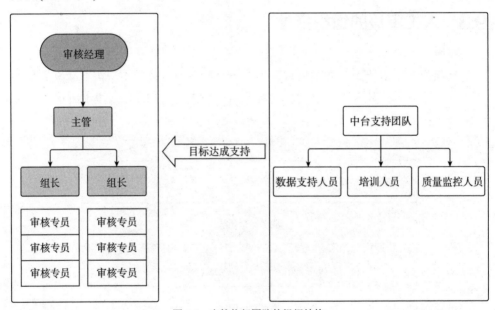

图 9-2　审核执行团队的组织结构

1. 审核经理

作为团队的核心领导者，审核经理需要按照业务方或产品方的要求，在执行团队内部制定和更新审核策略、拆解目标要求、制定相应的绩效方案、组织解决业务问题，从而达成上游的业务目标，并确保审核工作符合公司或平台的规定。其需要与其他部门或团队进行沟通协作，解决审核过程中遇到的问题，如审核工具的优化、审核标准的更新或补漏；还需要对整个团队的审核结果负责，定期评估团队的审核质量和效率，并根据需要进行调整和改进。

2. 组长及主管

作为团队管理的腰部力量，组长及主管负责执行决策、完成任务、达成指标。

其需要有明确的目标、执行具体的任务，以及检验执行的效果，从而有效且及时地完成工作任务，保证团队目标的达成。

3. 审核专员

审核专员是执行具体审核任务的人员，需要根据审核策略和规则对内容进行仔细审查，判断内容是否符合规定。在审核过程中，他们需要保持客观、公正的态度，不受任何外部因素的影响；还需要具备较强的责任心和耐心、专业力和专注力，能够处理大量的内容并做出准确的判断。对于有争议的内容，他们需要与上级或团队成员进行沟通和协商，确保审核结果的准确性。

9.3.4 中台支持团队

中台支持团队应包括以下三部分。

1. 质量监控人员

质量监控人员负责对审核质量进行把关。他们需要对已经完成审核的内容进行再次检查或复审，确保没有遗漏或错误，确保合规性。质量监控人员需要具备敏锐的洞察力和严谨的工作态度，能够及时发现并纠正问题。最重要的是，质量监控小组能够通过质检数据反馈审核团队整体或潜在的问题，从而提升审核团队整体的质量和安全性。

2. 培训人员

培训人员负责培训新审核员和指导成熟审核员。他们需要向新审核员传授审核知识和技能，帮助老审核员提高审核效率和质量，同时对业务或标准的变更进行及时培训补充，并对团队的业务水平或人员的能力短板进行提升。培训与指导人员需要具备良好的沟通能力和教学能力，能够针对不同水平的审核员、不同场景的业务内容提供有效的培训指导。

3. 数据支持人员

数据支持人员负责为审核团队提供各类数据支持和进行数据分析。他们需要通过大量的审核数据，总结和提炼出审核执行团队现有的问题、潜在业务风险、整体指标趋势，并对新指标是否能够达成和如何达成，做出数据侧的分析与建议，还要以数据验证审核执行团队的执行或改善效果。数据支持人员需要具备扎实的专业知识和快速解决问题的能力，是中台支持团队中最具备理性数据化思考的角色。

以上是一个典型的人工审核团队的管理组织结构，不同公司和不同规模的团队可能会有所不同。无论如何，一个高效的人工审核团队需要各个组成部分的紧密协作和共同努力。

9.3.5 角色关系与工作联动

在人工审核团队中，角色关系和工作联动是确保审核流程顺畅、高效、准确的关键因素。图 9-3 是一个典型的人工审核团队中的角色关系与工作联动的示意图。

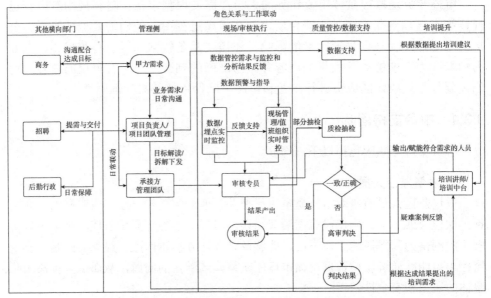

图 9-3　人工审核团队中的角色关系和工作联动

可以看出，从正式承接一个项目，明确项目需要达成的交付目标之后，最核心和重点的工作内容都将是围绕"审核专员"即审核行为而展开的。

在审核团队中，项目负责人/经理主要的工作是确保业务交付、确保利润的达成、团队健康发展，这时需要负责人/经理向上明确清楚交付目标，向下有效拆解任务和制订详细的计划，横向需要连同培训、支持、公司其他部门，不断为审核专员提供各种资源支持、进行各种过程监控，从而达成最终的目标。

9.4　人工审核执行团队管理

为了保证人工审核团队高效、高质量地完成内容审核任务，需要加强对人工审核执行团队的管理。

9.4.1　人员全方位管理

审核团队人员的管理是最基础也是工作量最大、涉及面最广的工作之一，团队以人为基础，管理动作以人为对象，业务指标由人去达成，方方面面都离不开对人员的干预，因此人员管理是日常管理场景下最根本的环节。对于人员的管理，主要内容包括以下几个方面。

1. 招聘与选拔

管理者要确保招聘到具备所需技能和素质的人员，通过面试、测试等方式评估应聘者的能力，选拔出适合团队需要的人才。

2. 培训与发展

为新老员工提供必要的培训，包括审核标准、流程、工具使用等，帮助他们快速熟悉工作，以及在标准、流程、工具的更新和迭代时能够准确掌握。同时，为团队成员提供持续的职业发展机会，如技能提升、晋升通道等，激发他们的工作热情和潜力。

3. 工作分配与调度

根据团队成员的技能、经验和工作需求，合理分配审核任务，确保工作高效进行。同时，根据工作进度和优先级调整人员安排，保证团队目标的实现。

4. 沟通与协作

审核团队需要大家内部紧密配合，因此管理者需要促进团队成员之间的有效沟通，及时传递工作信息、分享经验和解决问题，协调团队成员之间的工作关系，确保团队协作顺畅，共同完成任务，例如，当审核人员遇到特定机器无法识别的高危风险内容时，就要立即在内部做信息互通，避免出现严重事故。

5. 团队建设与文化培养

加强团队凝聚力，通过团队活动、交流等方式增进成员之间的了解和信任；培养积极向上的团队文化，鼓励团队成员互相支持、共同进步。

6. 离职管理

对于离职员工，进行离职面谈，了解离职原因和意见反馈，以便改进团队管理。同时，做好离职员工的交接工作，确保团队工作的连续性。更为重要的是，对离职人员的信息保密、权限回收、账号停用要及时并有效调整，避免出现因离职造成的信息安全事故。

7. 团队储备人才、干部的管理

由于业务和组织变更，审核团队需要各类人才，以保障业务发展，管理者应注意以下几点。

(1) 建立人才库：收集并整理现有人员中具有特殊能力或潜力的人才的简历和信息，建立一个人才储备库。这样，在需要时，可以快速找到合适的人选。

(2) 实习生、管培生计划：与高校合作，吸引优秀学生作为实习生和管培生加入团队，为未来的管理团队打下基础。

(3) 内部培训：定期为团队成员提供技能培训、职业发展规划等内部培训机会，帮助他们提升能力，为未来的职业发展做好准备。

(4) 轮岗制度：实施轮岗制度，让团队成员有机会在不同的岗位上工作，了解不同岗位的工作内容和要求，提高他们的综合素质和适应能力。另外，轮岗能够很好地促进部门、团队直接的协作和沟通，有利于业务流程的优化和发展。

(5) 管理干部的领导力培训：为管理干部提供专业的领导力培训，帮助他们掌握领导技巧，提高其团队管理和决策能力。

(6) 导师制度：为新任管理干部配备经验丰富的导师，为他们提供指导和支持，帮助他们快速适应管理岗位。

8. 绩效考核与反馈

建立针对不同业务属性的、专门的管理干部的绩效考核体系，定期评估他们的工作表现，并给予及时的反馈和建议，帮助他们不断改进和提高。这里需要注意的是，部分业务可能在短期内无法做绩效评估，例如某些业务需要两个月或更久才能得出结果，这时我们需要制订合理科学的绩效评估方案，而不能直接套用其他方案。

9. 外部交流与学习

鼓励管理干部参加行业内的交流会、研讨会等活动，拓宽视野，学习先进的管理经验和理念，尤其要打破管理人员的固有思维和领地意识，促进管理团队的横向沟通。

10. 晋升与激励

为表现优秀的管理干部提供晋升机会和相应的激励措施，激发他们的工作热情和潜力。

9.4.2 绩效激励方案的管理

团队需要建立合理的绩效考核体系，对团队成员的工作表现进行评价，给予相应的奖励和惩罚，具体如下。

(1) 明确绩效目标：需要为团队和每个成员设定明确、可衡量的绩效目标。这些目标应该与团队的整体战略和业务需求保持一致，同时考虑到每个成员的职责和能力。

(2) 制订绩效计划：根据绩效目标，制订具体的绩效计划。这包括明确工作任务、时间表和预期成果，以及为完成任务所需的资源和支持。

(3) 持续沟通与反馈：在绩效周期内，保持与团队成员的持续沟通，了解他们的工作进展、遇到的困难和需要的支持；同时，定期提供反馈，帮助他们了解自己的工作表现，及时调整工作方法和策略。

(4) 绩效评估与考核：在绩效周期结束时，对团队成员的工作绩效进行评估和考核。这可以通过自我评价、同事评价、上级评价等多种方式进行，确保评估结果的客观性和公正性。

(5) 绩效奖惩与激励：根据绩效评估结果，给予团队成员相应的奖励和惩罚，包括薪资调整、晋升机会、奖金、培训机会等；同时，建立激励机制，鼓励团队成员积极工作、提高工作效率和质量。

(6) 绩效改进与提升：针对绩效评估中发现的问题和不足，制订具体的改进计划，包括提供额外的培训、调整工作职责、设定更高的绩效目标等，帮助团队成员提升工作能力和绩效水平。

9.4.3　信安合规的管理

在人工审核团队中，做好信安合规的管理至关重要，以确保团队在处理信息时遵守相关法律法规和内部政策，保护数据的机密性、完整性和可用性。

(1) 建立完善的合规制度：制定明确的信安合规政策和流程，确保团队成员了解并遵守相关法律法规、行业标准和内部规范。这些制度应涵盖数据处理、访问控制、隐私保护等方面。

(2) 加强培训与教育：定期为团队成员提供信安合规培训，提升他们的合规意识和技能。培训内容可以包括法律法规解读、案例分析、最佳实践等，以确保团队成员在实际工作中能够正确应用合规知识。

(3) 设立合规监督岗位及对应机制：在团队中设立专门的合规监督岗位，负责监督团队成员的合规行为，确保各项工作符合法律法规和内部政策要求。同时，该岗位还应负责处理合规相关的问题和投诉。对于所有的业务流程、数据、权限，也应建立专门的信安管控机制。

(4) 定期进行合规检查：定期对团队的合规工作进行检查和评估，确保各项合规措施得到有效执行。检查内容可以包括制度执行情况、培训效果、合规事件处理等。

(5) 建立奖惩机制：建立与合规表现相关的奖惩机制，对遵守合规要求的团队成员给予表彰和奖励，对违反合规要求的行为进行惩罚。这有助于强化团队成员的合规意识，促进合规文化的形成。

(6) 与法务部门保持沟通：与公司的法务部门保持密切沟通，及时了解法律法规的更新和变化，以便及时调整团队的合规政策和措施。

(7) 关注行业动态：关注信息安全和合规方面的行业动态，了解最新的合规要求和最佳实践，以便及时将这些信息应用到团队的合规管理中。

9.4.4　数据分析与数据管理

在审核团队中，数据分析与数据管理是提升审核效率、优化审核流程和确保数据合规的关键。常规的数据管理一方面是要做好数据分析,同时需要通过数据分析结果去驱动落实管理策略或指导管理实践;另一方面要高度重视数据的合规性及反映出的潜在的违规行为。

1. 充分的数据分析

(1) 明确分析目标:确定希望通过数据分析解决的具体问题,如提高审核通过率、减少审核时间、发现进审高峰等。

(2) 数据收集与整理:收集与审核相关的所有数据,包括审核内容、审核结果、审核时间等,并进行清洗和整理,以确保数据质量和准确性较高。这里需要注意,通常会在审核页面或工具中埋点,通过对埋点数据的收集和整理分析,对审核行为进行强有力的管控。

(3) 进行深入分析:通过数据分析找出审核过程中的瓶颈、问题点和可优化的空间,一定要对多种数据进行交叉对比,发现团队和执行的风险点、机会点。

(4) 结果可视化与报告:将分析结果以图表或报告的形式呈现,以便团队成员和管理层快速理解,以数据作为管理决策的依据。

2. 数据化管理

(1) 建立数据化流程:制定清晰的数据收集、处理、分析和应用流程,包括管理策略的制定和调整必须有哪些数据作为凭证。只有明确了日常的管理机制,才有可能避免无根据的管理动作导致的业务差错。

(2) 数据驱动的决策:鼓励团队在决策时参考数据分析结果,以确保决策的科学性和合理性。一定要把数据的颗粒度做到最细,并且多维度地呈现出来。

(3) 实时数据监控:建立实时并且敏捷的数据监控系统,以便及时发现审核过程中的异常情况。如果可以做到分钟级数据,就可以有效杜绝各类风险问题及对业务做出敏捷管控。

(4) 数据质量保障:制定数据质量标准,并定期进行数据质量检查,确保数据的准确性和完整性。

3. 数据合规管理

(1) 了解合规要求:深入研究与数据相关的合规标准,确保团队的数据处理活动符合要求。

(2) 制定团队的数据合规政策:明确数据处理的原则和限制,不出现更改数据、隐藏数据等违规行为。

(3) 加强合规培训:定期对团队成员进行数据合规培训,提高他们的合规意识和技能。

(4) 合规审计与监控:建立数据合规审计和监控机制,定期从数据的角度检查团队执行的规范性,发现日常工作当中的违规行为。

9.4.5　现场实时队列管理

现场实时队列管理至关重要，因为它直接影响审核效率、工作负载分配及响应时间。现场实时队列管理需要管控的内容较多、较杂，主要包括以下 5 点。

(1) 队列看护：现场实时队列管理需要随时注意队列进审、待审的变化，需要根据敏捷的数据做指导，随时查看队列量级，避免延时超标或积压过多引起的风险。另外，对于进审内容也需要注意，尤其集中、大量进审某些特定内容时，管理人员需要及时判断风险或向上反馈、向下指导工作。

(2) 信息和指令传达：内容审核团队需要处理非常多的舆情、信息、风险、指令，每个审核员每天可能会收到几十条甚至几百条新的信息，如何掌握、消化并执行这些内容，是现场管控的重点。因此，现场管控需要通过信息分级、分层，建立不同的信息分发机制及采取有效的闭环检查措施。这是现场实时队列管理的核心之一，也是最大的风险点，管理人员应高度注意。

(3) 人员管理：现场需要对人员的工作状态进行管控，尤其在夜班、饭点、交接班时，常常因为相关人员注意力不集中、现场混乱而引起业务指标产生波动。

(4) 异常行为数据监控：在审核团队中，有近半数的错误都是由相关人员对审核流程的不规范执行引起的，因此在数据监控方面需要有完善和敏捷的数据监控机制及工具。现场管理人员需要依靠这些工具对审核的行为进行全面的管控，发现潜在审核行为发生异常时要进行及时干预，避免产生风险。

(5) 质量数据监控：同样，建立在敏捷数据监控基础上的质量管控，可以让现场管理人员通过数据的波动及时发现相关人员和业务存在的质量问题，提前对问题进行干预，并在审核过程中实时监控各项指标，若发现指标出现异常波动，系统将立即触发预警机制，向相关人员发送预警信息。这将有助于我们及时发现并处理潜在问题，确保审核工作的顺利进行，并促进质量指标的达成。

9.5　人工审核的职业技能要求

近年来，互联网行业涌现出了众多内容平台巨头，如快手、抖音、今日头条等，通过内容发布和传播取得了巨大的发展。在这些平台发布内容之前，都需要进行机器审核和人工审核。这些平台的迅猛发展也引发了互联网信息审核员和人工智能训练师数量的激增。据不完全统计，截至 2023 年，国内互联网信息审核员数量超过 15 万人，与审核相关的互联网信息标注员数量超过 5 万人。这两个职业是互联网内容审核行业快速发展和规模化的产物。

为了促进该行业的健康发展，有必要在国家和行业层面对上述两个职业的技能要求进行标准化定义。这将有助于提出与职业相匹配的能力要求，并进行相关的技能认证。这样一来，互联网内容审核行业的相关企业就能够有效、高效地选拔合适的人才，提高企业经营效率，降低不良互联网内容传播的风险。为了实现这一目标，需要制定明确的技能标准和认证程序，通过明确的技能要求和认证程序，提高互联网内容审核行业的专业水准，为行业的可持续发展奠定基础，并为相关从业人员提供更清晰的职业发展路径。

9.5.1　互联网信息审核员

2020 年 6 月，人力资源和社会保障部联合市场监管总局、国家统计局正式向社会发布一批新职业，在"网络与信息安全管理员(4-04-04-02)"职业下增设"互联网信息审核员"工种。至此，数以十万计的互联网内容人工审核从业者有了官方的职业定义。

根据实际的互联网内容人工审核实践，我们可以对该工种进行新的类型划分。根据审核内容的不同维度，审核员可以分为鉴黄师、涉暴审核员、涉恐审核员、商业化审核员、舆情审核员、广告审核员等；根据审核流程的不同维度，可以分为初审审核员、复审审核员、终审审核员等。我们通常会根据审核员在岗位履职情况、绩效表现、流失分析和面谈反馈等过程和结果数据进行分析总结，以得出与该岗位相匹配的胜任力模型或岗位画像。这样可以更精确地进行员工招聘，更科学地进行人员的日常管理和培养。

根据运营管理实践和分析，互联网信息审核员需要具备以下职业技能，我们将其称为"九大能力，四大意识"。

1. 九大能力

(1) 学习理解能力。审核人员需要熟悉平台的内容规范和政策，了解哪些类型的内容是不允许的或受限制的。他们需要能够解读和应用这些规范，以便准确评估和处理用户提交的内容。部分审核场景的规则多达几百条，审核标准定义多样化，要求审核人员具备高水平的学习和理解能力，以确保审核的准确性和效率。

(2) 变化适应能力。随着互联网内容环境的不断变化和演进，新的内容类型、平台和技术工具不断涌现。同时，基于政策要求、技术迭代、业务场景变化和用户反馈等原因，审核规则和尺度会实时进行调整。这就需要内容审核人员时刻保持学习的状态，及时了解行业的最新动态，不断更新自己的知识和技能，以适应变化并保持高效的审核能力。

(3) 细节识别能力。人工审核的最大价值在于审核员通过积累的知识和经验，保持严谨的审核状态，对内容的细节做出清晰且正确的判断。内容审核人员需要密切关注内容的细节，以识别不当或有害内容的微小迹象。这种能力帮助他们发现潜在的违规行为，确保审核的准确性。对细节的谨慎洞察还使他们能够发现内容中的新兴趋势或模式，进而确定是否需要对审核策略进行调整。

(4) 基本的法律和道德问题识别能力。内容审核人员应了解基本的法律框架和内容审核中的道德伦理问题的相关规定，能够基本分辨违法行为及违反公序良俗的行为。他们需要了解涉及隐私、版权、仇恨言论和其他相关领域的法律，以确保在审核和处理内容时做到符合法律法规。

(5) 逻辑分析能力。内容审核人员需要具备良好的逻辑思维能力，确保在审核复杂场景时能够有条理地按照审核规则分析问题的本质和适用的审核条款，并能灵活运用审核规则。同时，他们还需要具备较强的批判性思维和问题解决能力，以评估复杂情况并做出明智的判断。他们必须能够分析内容，考虑多个角度，并适当应用准则和政策。这种能力有助于他们应对具有挑战性的情况，确保内容审核的一致性和公正性。

(6) 沟通分享能力。内容审核通常是团队合作完成，对一些特殊场景的审核，审核员需要不断进行审核思路的碰撞和分享，才能有效进行标准尺度的统一。他们需要与其他团队成员和其他业务线的人员保持沟通，实时共享审核中存在的疑惑，分享经验，并协商解决方案，从而提高整个团队的审核质量和效率。

(7) 灰度接受能力。实际审核的内容和场景纷繁复杂，不是所有的审核内容都能严丝合缝地套用现行的审核规则，也就是我们通常所说的存在审核灰度。这些内容通常在现行规则下存在一定的模糊性，难以明确判断，甚至可能存在相互矛盾的情况。然而，这种审核内容极其特殊，且占比极小，基本不会对实际的整体审核工作造成干扰，因此通常会选择在短期内搁置，以保持现行审核规则的适用性。如果过于拘泥于个别审核内容的规则适用问题，就很容易陷入规则混乱的漩涡，导致更严重的审核遗漏或误判。因此，我们需要接受极小概率的规则灰度的存在。

(8) 自我修正能力。审核结果没有绝对的对错。内容审核的实践和政策应根据不断变化的趋势、用户反馈和新兴风险进行定期审查和更新。内容审核人员应积极参与改进过程，提供见解和建议，并不断根据最终发布的审核规则自我修正，更新审核思路，以确保审核规则的一致性，从而增强审核效果。

(9) 心理建设能力。内容审核可能会让内容审核人员接触到令人不安的内容，包括暴力或露骨的材料。因此，对内容审核人员持续地进行自我心理建设显得尤为重要。他们应该具备管理情绪、应对压力，并在需要时寻求支持的能力。鉴于内容审核工作的性质可能对情绪产生挑战，除了审核人员个人的心理建设外，内容审核单位也应提供心理健康资源和支持服务，以帮助内容审核人员应对潜在的心理影响。定期的检查和咨询会话有助于提升他们的幸福感。

2. 四个意识

(1) 时间及效率管理意识。内容审核人员通常需要在特定的时间限制内处理大量的审核内容。优秀的时间管理和工作效率意识对及时完成任务、保持高质量的审核结果至关重要。这包括能够有效地组织审核工作，合理地安排工作时间和休息时间，以及有效地区分不同类型审核场景所需的时间。这样可以确保内容审核人员整天都处于思路清晰、任务进度可控、作息合理的状态。

(2) 指标理解及竞争意识。内容审核人员应清晰理解绩效考核指标，并参与持续的质量和效率保障流程，以确保审核决策的一致性、准确性和高效性。管理者应塑造积极参与指标评比的竞争氛围,让内容审核人员理解并重视指标的达成，培养良好的自驱力和竞争意识。这种竞争意识可促使内容审核人员积极主动地探索提升审核质量和效率的方法，以不断提升精益求精的业务能力。

(3) 严格的保密意识。内容审核人员需对涉及的审核内容、审核规则严格保密，严格遵守平台和组织的规定、政策和保密要求。他们应该具备良好的纪律和保密意识，严格执行组织对于现场管理、生产管理等的各项合规要求，以杜绝任何可能导致信息泄露的风险，确保企业信息、用户隐私和敏感信息得到充分保护。

(4) 危机管理意识。内容审核可能涉及危机处置的场景，例如有害或危险内容的快速传播。内容审核人员应准备好迅速、有效地应对此类事件，做好信息的收集反馈，并与危机管理团队密切合作，实施适当的升级程序，并迅速采取行动以减轻潜在危害。对于高危场景，内容审核人员需做到"零漏放"管控，这是职业技能的底线，也是维护和净化健康的网络环境的有力保障。

9.5.2　人工智能训练师

人工智能(AI)训练师是使用智能训练软件，在人工智能产品实际使用过程中进行数据库管理、算法参数设置、人机交互设计、性能测试跟踪及其他辅助工作的人员。2023 年 10 月 1 日，国家市场监督管理总局认证认可技术研究中心发布了《市场监管总局认研中心关于开展人员能力验证工作(第五批)的通知》，正式开展了面向社会的人员能力验证工作，其中包括人工智能(AI)训练师能力验证。人工智能(AI)训练师被正式列入具有国家认证标准的职业序列。

互联网内容审核流程中也涉及大量的机审内容，对机审需要进行大量持续的训练，而从事互联网信息标注的群体就是对机审进行审核能力训练的人员。我们称之为互联网信息标注员。互联网信息标注员的工作内容与互联网信息审核员有很大的相似性，都需要对内容审核结果进行标注。不同之处在于，信息审核会对用户发布的内容是否允许在互联网上进行传播做出处理动作。如果通过审核，内容可以被其他用户查阅、关注并转发，形成互联网内容的分享。而信息标注则纯粹对用户发布的内容进行标注，用于对内容进行分类，或者根据标注结果对机器进行判断能力的训练，再由机器执行信息审核。因此，互联网信息标注员在内容审核机审领域也充当了人工智能(AI)训练师的角色。

正因为互联网信息标注员与互联网信息审核员从事的工作有很大的相似性，

因此对该职业的职业能力要求同样适用于上文提到的"九大能力、四大意识"。然而，这两个职业之间也存在一定的差异，在职业技能要求上也会有略微的差别，主要差别如下。

(1) 对信息标注员危机管理能力要求较低。信息标注员的主要任务是对互联网上用户发布的内容进行分类和标注，将其归入不同的类别，而不需要对用户发布的内容进行干预和拦截。因此，在内容标注场景下，一般不会直接发生因信息标注员的操作失误而导致敏感和不良信息的传播。相比信息审核员，对信息标注员应对和处理危机的能力要求相对较低。

(2) 信息标注员更加聚焦分类及标注规则。审核员更多地涉及对内容质量和准确性的评估，会更加关注内容本身是否对网络环境健康、商业规则及平台利益产生影响。他们通过信息治理来确保用户获得高质量和可信赖的信息。而标注员的工作更多地侧重于将内容进行分类和标注，更加专注于掌握和优化分类规则和标注规则，较少对内容本身进行评估。

9.6　人工审核的运营管理与技巧

每个人工审核团队都必须设定阶段性的交付目标，这些目标可能源自用户的需求、上游团队的要求，或者 BPO(业务流程外包)团队中甲方的要求。为了实现这些交付目标，运营管理者需要运用专业的运营管理方法，有效地进行管理分工和工作执行，有序地组织审核员按照流程进行审核，并不断提升审核质量和效率。同时，运营管理者需要提炼管理过程中所需的流程和方法，总结经验和技巧，形成团队固定执行的行动，确保所有管理人员遵循统一的、有章可循的执行流程。这也是保证团队能够长期平稳运营的关键所在。

我们将运营管理划分为人员管理、业务管理、质量管理、培训管理、现场管理、绩效管理、协调管理等多个模块，同时结合人员管理适用的群体，形成了一个二维运营管理体系，其中横向为管理模块，纵向为群体，二者的交集是制定具体管理规范和流程的关键。这些规范和流程被视为运营管理体系的最小构成单元。通过量身定制针对不同群体的运营管理流程，我们能更精准地满足各群体的管理需求，也能更好地因材施教，有效地实现管理效果。

9.6.1　人工审核运营管理模式

人工审核项目的运营管理模式取决于项目的属性，一般可分为自营管理模式、BPO 管理模式、自控他营模式等。每种管理模式中甲乙方的质检职责分工存在较大差异，管理流程和决策流程也有较大差异。然而，尽管各种管理模式存在较大差异，但在指标提升和业务落地执行方面，逻辑和策略基本相同。

1. 自营管理模式

人工审核团队作为保障企业平台内容安全的守护者，对企业的合规安全运营尤为重要。在初期阶段，各大互联网巨头的人工审核团队主要采用自营管理模式。具体而言，自营审核团队具有以下特征。

(1) 知识结构完整：自营审核团队深入了解公司的产品、服务、政策和价值观。他们熟悉公司的业务模式、目标和需求，能够更好地理解审核内容的背景、要求和逻辑。

(2) 专业知识和素养：自营审核团队通常接受过公司内部的培训，掌握相关领域的专业知识和良好的职业素养。他们了解审核标准、规则和流程，并具备判断内容合规性的能力。

(3) 内部协作和沟通：自营审核团队与公司其他部门之间的沟通和协作更加紧密。他们可以直接与业务团队、技术团队和客户服务团队等进行交流，快速解决流程和标准问题，提高审核效率。

(4) 灵活性和定制性：自营审核团队可以根据公司不同阶段的业务需求进行灵活调整和定制。公司可以根据业务增长或变化的需要，调整团队分工、审核规则、资源配置及优化流程，以适应不断变化的业务需求。

(5) 数据保密性和安全性：自营审核团队受到公司保密政策和控制措施的约束，对处理涉及用户隐私和商业机密的内容具有更好的保密意识，能够更好地保障数据的安全和保密性。

这些特点使得自营审核团队能够高效、安全地履行审核职责，为企业提供可靠的合规安全支持。

2. BPO 管理模式

随着互联网巨头对人工审核流程和经验的不断沉淀和优化，人工审核逐渐走向标准化，其可控性也得到进一步加强，企业开始尝试 BPO 管理模式。与此同时，随着互联网巨头在达到用户规模聚合后开始考虑企业盈利模式和盈利能力，其不断推出降本增效的措施，将人工审核外包给 BPO 企业。BPO 公司具备丰富的运营管理经验，其技能可以满足人工审核的指标交付要求，同时能够有效控制成本，规避用工风险。BPO 管理模式的特点具体如下。

(1) 专业的管理能力：BPO 类型的审核团队通常在特定领域或垂直市场上具备专业的审核服务能力。BPO 公司拥有经验丰富的审核人员，了解行业标准和最佳实践，具备较高的执行力和组织能力，能够实现较高的审核效率和良好的审核质量。

(2) 强大的资源弹性：BPO 类型的审核团队拥有强大的资源弹性，BPO 公司可以根据客户需求快速调整团队规模和配置资源，以适应不断变化的审核工作量和审核目标要求。当审核量迅速增加时，BPO 公司可以快速招募和培训审核员，以满足审核需求；当审核量减少时，BPO 公司可以迅速将一部分审核员切换到其他工作岗位。

(3) 多客户经验：BPO 类型的审核团队通常具备为多个客户提供服务的经验，BPO 公司的管理人员也通常具备管理多个业务的经验，能够将不同审核业务的管理经验相互融合，不断优化和精进管理方法和流程，达到良好的管理效果。

(4) 实现异地备份：BPO 公司通常在全国各个适合审核业务开展的城市建立运营基地，以实现多地同时供给同一审核项目的资源，包括一线人力、管理资源和坐席资源等，从而实现运营资源的异地备份。

(5) 缺乏服务温度：以 BPO 公司为主要管理模式，更加聚焦于核心 KPI 指标的达成，运行效率相对较高。然而，BPO 公司通常会忽略其他影响用户感知和与业务长期发展相关的非 KPI 指标，因为它们缺乏对指标背后逻辑的全面了解。这可能导致为了达成 KPI 指标而无法平衡考虑服务质量和业务发展的情况。

以上是 BPO 管理模式的特点。尽管 BPO 模式具备一定的优势，但在决策时仍需权衡各种因素，确保综合考虑业务需求、成本控制和用户体验等方面的因素。

3. 自控他营管理模式

自控他营管理模式是指一线审核员归属于 BPO 公司，以自营管理团队为主、BPO 管理团队为辅的管理模式。自营管理团队负责制定、决策和规划审核团队的执行要求，而 BPO 管理团队负责具体执行工作，两个管理团队协同开展工作。自控他营管理模式继承了 BPO 管理模式的优点，也能够避免由 BPO 公司管理人员对业务背景、流程及底层运营逻辑缺乏了解导致的服务不足和其他管理专业性上的局限。在 BPO 化进程的初期阶段，这种管理模式较为适用，既能规避运营风险，又能够降低成本和提高效率。自控他营管理模式的特点具体如下。

(1) 类 BPO 优势：自控他营管理模式能够继承 BPO 管理模式的资源调度灵活、成本较低、用工风险低等优势。由于管理主导权掌握在自营团队手中，所以该管理模式能够满足管理专业性和执行策略前瞻性的要求。

(2) 管理责权不清：在实际运营过程中，由于管理边界较难划分清楚，可能存在两个管理团队对于理解上的偏差。管理团队之间的融合不够紧密，可能导致工作推进存在障碍，影响运营工作的高效开展。

(3) 管理团队臃肿：在自控他营管理模式下，除了班长岗位之外，通常会配置两套完整的管理团队，分别由自营和 BPO 公司负责相同的管理工作。自营管理人员主导工作规划和决策，而 BPO 管理人员负责具体的执行工作。

9.6.2　审核效率和质量保障

审核效率和审核质量是人工审核运营管理的两大关键要素，也是审核项目的主要 KPI 指标。审核效率通常用小时级人效和天级人效来衡量，并通过平均延时、单个案例审核时长及工时利用率等指标来评估。审核质量通常通过审核准确率、加抽准确率、误伤率/漏放率和盲审一致率、漏放量/误伤量等指标来衡量。为了长期实现审核效率和审核质量的目标，并保持平衡发展，管理团队通常采用一系列的管理策略和方法。

1. 审核效率保障

审核效率是每个审核运营团队都会关注的核心指标之一。它是衡量审核团队在单位时间内创造的审核价值的重要指标，也是审核团队有效承接审核任务的重要保障。审核效率既体现了审核团队的组织管理能力，也反映了审核团队的工作状态。同时，它有助于控制审核进程中的延时，并提升用户的使用体验。

1) 审核效率常见指标

审核效率常见指标具体如下。

(1) 小时级人效：是指审核团队在某个时间周期内平均每小时能够完成的审核数量。小时级人效反映审核团队的审核速度，此处的小时指的是纯粹的审核时间，不包括小休时间和等待时间。其计算公式为

$$小时级人效 = 3600 秒/单个案例时长$$

(2) 天级人效：是指审核团队在某个时间周期内平均每人每天能够完成的审核数量。相比小时级人效，天级人效更能够反映审核团队整体的审核产出，是审核效率的主要衡量指标。其计算公式为

$$天级人效=小时级人效×8×工时利用率$$

(3) 平均延时：是指某个时间周期内，案例进入审核平台到完成审核的平均时长。平均延时与用户的使用体验密切相关，特别是直播类型的审核，对延时要求非常高，通常需要将平均延时控制在 3 分钟以内。其计算公式为

$$平均延时=(案例 1 延时 + 案例 2 延时 + \cdots + 案例 n 延时)/n$$

(4) 单个案例时长：是指审核团队在某个时间周期内完成一条案例所需的平均时长，反映审核团队的审核速度。其计算公式为

$$单个案例时长=总审核时长/审核数量$$

(5) 工时利用率：是指某个时间周期内，审核团队实际用于审核的工作时长占排班时长的比例。工时利用率是反映审核团队工作饱和度的重要指标，通常作为评估审核效率的辅助指标。其计算公式为

$$工时利用率=审核时长/排班时长$$

2) 常见的审核效率保障措施

根据审核团队的管理经验，常见的审核效率保障措施如下。

(1) 审核量级监控：制定目标，并以小时为单位(甚至以半小时为单位)对所有审核员在该时段内的审核量进行统计和公示，重点提醒审核量落后的审核员，同

时管理人员会对审核量落后的审核员进行沟通督促。

(2) 实施内容分类：按照一定规则对进审内容进行分类，形成不同的进审队列，由不同的审核员负责不同队列的审核。这样可以使审核人员专注于特定的分类，积累专业知识，并在所分配的领域内更高效地工作。同时，通过将正确的内容分配给最合适的审核人员，有利于简化工作流程。

(3) 实施分层审核系统：根据风险或严重程度将内容分为不同的层级。将经验丰富、技术娴熟的审核人员分配到处理敏感度高和风险较高内容的岗位，而较少经验的审核人员可以处理风险较低的内容。这样可以有效分配资源，并确保关键内容得到适当关注。

(4) 提供培训和反馈：为审核人员提供全面的培训，使他们能够熟悉审核流程、工具和技术。定期与审核人员进行反馈和讨论，帮助他们提高审核技能和效率。

(5) 奖惩措施：制定以达成量级目标为导向的奖惩措施，让达到目标且超额完成的审核员获得额外奖励，并对低于审核目标的审核员进行适当惩罚，强化审核员达成审核目标的意识。

(6) 团队牵引：可给班组下达整体目标量，并赋予对应的团队奖惩措施。让班组成员了解各自的审核量，形成班组内互相监督的氛围，使班组成员保持良好的审核状态。

(7) 短期激励：在延时指标达成压力大或者进审积压较高需要清理积压时，可采取短期激励措施，快速引导审核员提高审核效率，或者利用加班时间完成更多的审核量，达成清理进审积压的目的。

各种审核效率保障措施适用于不同的场景，但从机制上看主要是通过调整审核员状态、缩短休息时长、延长审核时长、提高审核员技能、内容分层分级等方面提高审核员的审核效率，确保延时可控，进审积压可控，不断提升用户的使用体验。从审核团队管理角度，也能让审核员保持良好的审核状态，并达成业务方的效率考核要求，不断提升团队的竞争力，创造更大的团队价值。

2. 审核质量保障

审核质量是每个审核团队必然会关注的核心指标。审核质量是重要的审核团队价值衡量维度，是互联网内容安全的重要保障，甚至可以说是审核团队的生命线。审核质量保障是审核团队的根本使命。审核质量问题可大可小，大则可能造成不良信息的大面积传播，引发社会舆情，小则可能影响用户的使用体验，进而影响内容平台的口碑，还可能引发无序的市场竞争、给用户造成实际经济损失、误导消费者等一系列的问题。因此，做好审核团队的审核质量保障工作是团队运营管理工作的重中之重。

1) 审核质量常见指标

审核质量常见指标具体如下。

(1) 审核准确率。审核准确率是最常见的审核质量指标之一，通过质量抽检的方式，从审核案例中随机抽取一定比例进行质检，并计算质检结果。正确量占抽检量的比例即为审核准确率，计算公式为

$$审核准确率=正确量/抽检量$$

(2) 加抽准确率。加抽是一种补充质检手段，通过随机抽检来检查当前重点提升的标签或者对用户影响较大但实际进审量较少的标签，这些问题通常无法通过常规质检发现。加抽可以将质检焦点更集中地放在重点标签上，不断扩大和暴露重点标签的问题，以便进行有针对性的提升。其计算公式为

$$加抽准确率=加抽正确量/加抽量$$

(3) 误伤率/漏放率。对审核准确率进一步细分，可将错误类型分为误伤和漏放。误伤是指错误地拦截了本应通过的内容，而漏放是指本应拦截的内容却被通过了。另外，还有打标错误，即内容命中了某一差错类型 A，但标记为差错类型 B。在细分后，可以独立观察误伤率和漏放率，更加专注于相应问题类型的处理。

(4) 盲审一致率。盲审是一种扩大质检范围并统一审核标准的有效手段。盲审是指从 A 员工审核的案例中抽取一定比例的案例，由 B 员工进行审核。在这个过程中，员工对于是否被抽取案例没有感知。如果 A 员工和 B 员工对于同一案例的审核结果不同，质检团队将进行全量质检，判断是 A 员工审核错误、B 员工审核错误，还是 A 员工和 B 员工都有错误。A 员工和 B 员工可以是同一团队或者不同团队的员工。审核结果不一致的比例即为盲审一致率，计算公式为

$$盲审一致率 = 审核结果一致的数量/交叉量$$

(5) 漏放量/误伤量。对于要求较高的审核内容，可以按条对出现漏放或误伤问题的案例进行考核，或者达到一定数量后开始按条考核。

2) 常见的审核质量保障措施

根据审核团队的管理经验，常见的审核质量保障措施如下。

(1) 标准化审核流程：建立清晰的审核流程，确保每个审核人员都按照相同的标准进行审核。标准化操作可以提高一致性和准确性。对于审核频率较高的场景，通常会进行审核逻辑梳理，并制定高频审核场景脑图，帮助员工更好地执行统一的审核标准和流程。

(2) 业务落地机制：审核质量问题通常出现在业务规则变更后未及时统一所有审核员的执行标准时。因此，审核项目必须建立完善的业务落地机制，确保所有审核员在下一次上线审核之前掌握并执行新的业务规则。

(3) 执行回炉机制：制定统一的回炉标准，对符合回炉条件的质量末端人员进行下线回炉提升。同时，制定回炉后的出池标准，只有达到出池条件的审核员

才能重新上线审核。对于连续未达到出池标准的审核员，只能淘汰。

(4) 错题库机制：将近期容易出现的审核差错整理成错题库，用于员工的训练和验收。错题库可以实时自动判断审核员的标注结果是否正确，方便审核员及时纠正错误标注。

(5) 审核差错双闭环：质量培训负责覆盖前一天高频差错的培训，组长负责进行前一天所有差错的一对一辅导。通过质量培训和运营审核差错双闭环，不断提升审核员的审核思路和业务水平。

(6) 进行模拟投放：对于高风险的业务场景，通常需要让审核员时刻保持敏感的应激状态，可以进行高风险业务的模拟投放。通过偶尔让审核员审核模拟的高风险业务场景，并经过持续的应激训练，审核员在真正遇到高风险业务场景时就不容易出现遗漏。

这些审核质量保障措施适用于不同的场景，但从机制上来看，主要通过完善审核流程机制、加强末端员工管理、做好差错复盘和培训、提升审核员审核状态等方面提高审核质量。这样可以确保审核风险可控，避免严重的漏放和误伤情况，并不断提升用户的使用体验。从审核团队管理的角度来看，这些措施可以使审核员保持良好的业务水平和审核状态，同时满足业务方的质量考核要求，有效控制审核风险。

9.6.3　突发应急管理

1. 业务运营持续性应急保障

对于项目突发的问题，需要有较好的应急管理方案，以保障项目业务连续运营。当突发事件导致业务受到威胁时，需要明确处理时效、处理流程和应急处理内容，涵盖业务保障、话务保障及其他应急事件等。

针对项目的业务保障，主要分为两个方向：项目内部保障和公司层面支撑保障。其中，项目内部保障主要包括电力保障、网络保障、系统双机备份保障和项目内人员应急保障。公司层面支撑保障主要包括同城或异地职场灾备、远程项目人员支持及其他综合线条人员的支援保障。通过多维度的保障措施，确保业务的连续性，提高客户满意度。

(1) 电力保障：职场应具备 UPS 支持能力和柴油发电机续航能力，以保障在市电无法恢复时电力不中断。

(2) 网络保障：职场需要制定完善的网络和线路应急预案。一旦业务部门或维护人员发现故障，要立即通知业务负责人。负责人应立即向相关部门反馈，并组织人员进行故障分析。若故障可能对业务造成较大影响，应立即通知业务部门并报告上级主管部门处理，进入紧急故障处理流程。

(3) 业务释压：当发生进审积压时，处理方案可分为两个模块——预期已知和临时激增。对于预期已知的情况，除了进行人员盘点和启动动员会等措施外，还需要考虑到高峰期是红线高发期。因此，要提前圈定风险人员，并进行赋能和策略排座安排，以保障在高峰时期对红线的管控。此外，还可以安排备班人员迅速到岗支援，并设定备班奖励机制，以确保人员按照备班安排执行，如图 9-4 所示。

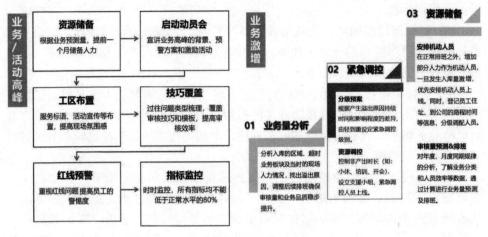

图 9-4　业务释压

2. 舆情事件的监测与控制

舆情事件是互联网中影响面最广的内容事件，是风险控制的重中之重。为有效监测及控制，需建立如下管控机制。

(1) 成立舆情监测小组，以监测情况及收集信息，做到信息透传，以便相关部门做好应对工作。其工作职责如下。

第一，负责分析舆情及境外相关风险言论，提炼风险关键词，做好风险前置保障工作，传达给智能筛选模型侧、标准制定侧及人工审核运营团队侧。

第二，负责信息透传，舆情组将风险关键词实时同步业务侧以核验关键词的模糊率，并沟通运营侧进行策略优化，降低进审压力；同时，及时同步培训侧进行人工审核人员的前置风险培训，提高全员审核风险意识，保障舆情期间平台安全。

第三，负责收集过往与重大舆情相关的风险词，以备后续风险延续做审核能力提升。各层级在发现问题后，及时提炼关键词，然后完善在风险词收集表格中，由各执行侧组长每日在组内进行宣导。

第四，负责编制舆情日志，结合热点舆情时间节点，对容易发生危害的网络负面信息进行拆解，并结合平台审核执行标准，制定风险前置的审核策略，为预防舆情发酵做好准备。

第五，负责将每日重点舆情风险词汇总，并按照内部信息透传机制进行传达，并通过抽检方式，检测人员对风险词的了解情况，减少漏审。

(2) 培训侧做好培训实施及效果检测。培训团队负责结合当前政策信息和突发舆情事件，深入挖掘周边关键信息，提炼高质量的培训内容。他们需对资料进行系统整理，并策划和实施相关的培训活动，例如为了确保内容的准确传达，将通过连续多日的讲解、抽测和考核来强化学习效果。同时，督促业务侧积极收集舆情相关案例，尤其是那些在现有标准中未涵盖的案例，经过确认后，这些案例将通过班前会或集中培训的方式进行广泛宣导和学习。

(3) 基层现场管理团队做好现场监控。基层现场管理团队在上班前加强各团队对于舆情指令的传达，下班后组织人员进行风险词的回扫，且在运营期间进行现场巡场，强调工作流程要求，并监督在舆情期间现场人员审核的工作状态；另需要在舆情期间通过数据分析实时定位问题人员，并组织审核技能提升会议，降低审核漏放、错放等。

当发生舆情事件时，注意建立临时的舆情应急小组，以便协调相关员工参与应急支援，以参与业务突发的进审增长、临时支援等工作，为舆情期间可能出现的人力不足情况做好应急准备。

9.6.4　人文建设的必要性

人工审核团队需要进行有效的人文建设，以确保审核员情绪稳定，不受审核内容的影响。有效的人文建设可以增强审核人员的情绪管理能力，培养他们的同理心，提升职业素养，同时帮助他们克服不敢审的心理，提高自身专业能力。

(1) 增强审核人员的情绪管理能力：审核工作可能会涉及令人不悦或压力大的内容，如暴力或仇恨言论。通过人文建设，可以帮助审核人员提升情绪管理能力，以应对这些挑战，减轻工作压力，并避免对个人情绪产生负面影响。

(2) 培养审核人员的同理心和理解能力：审核人员需要处理各种类型的内容，并理解不同用户的背景、文化和价值观。通过人文建设，可以培养审核人员的同理心和理解能力，使他们能够更客观、公正地判断内容的合规性。

(3) 提高审核人员的职业道德和职业素养：人文建设可以帮助审核人员明确职业道德和职业素养的重要性，并加强他们对这些价值观的认同。这有助于确保审核人员在审核过程中遵守道德规范，保持良好的职业行为，从而提高整体审核质量。

(4) 克服不敢审的心理：部分审核员害怕审核出错而产生不敢审的心理，导致对审核标准犹豫不决，既影响审核效率，又容易出现审核错误。通过有效的人文建设，可以帮助审核员克服这种心理障碍。

(5) 建立积极的团队文化：人文建设可以促进审核团队成员之间的合作、互助和支持，建立积极的团队文化。一个团结友好的团队氛围有助于提高团队成员的工作满意度和工作效率，从而提升审核质量。

(6) 提升审核人员的专业能力：人文建设不仅关注审核人员的情感和社交能力，还注重提升他们的专业能力。通过培训、知识分享和经验交流，可以不断提高审核人员的专业水平，使他们更熟悉审核准则、了解最新的审核趋势，并能够做出准确的判断。

第 10 章

互联网内容审核与信息安全管理的未来

　　预测未来是困难的，尤其是技术快速发展的领域。不过，这些发展趋势提供了一个框架，展示了在法律、社会需求和技术能力三者作用下内容审核可能的发展方向。随着技术的持续进步和社会的不断发展，这些领域的趋势将持续演变，引领内容审核向更智能、更精准、更适应法律和伦理要求的方向发展。由于技术的发展、在线内容的迅速膨胀和网络平台的责任增大，互联网内容审核的未来发展是多维度的、迅速演变的，本章罗列了互联网内容审核与信息安全管理的趋势和发展方向。

10.1　人工智能技术的进一步应用

　　随着机器学习和深度学习技术的进步，人工智能(AI)变得更加高效和精确，特别是在理解和处理自然语言及图像识别方面。未来，AI将能更好地理解上下文，甚至掌握一些复杂的判断标准，并预测内容可能造成的影响。

1. 大数据技术的整合
　　内容审核将越来越依赖于大数据分析，以识别和预测在线行为模式。整合不断增长的用户数据、内容趋势和参与度指标，将帮助审核系统更加准确地识别潜在的问题内容。

2. 自动化和半自动化解决方案
　　自动化工具将扮演核心角色，通过算法和规则引擎自动识别并处理违规内容。同时，半自动化的系统也会得到推广，这些系统将 AI 生成的推荐与人类审核员的专业判断相结合，可以降低错误率，特别是那些处于灰色地带的内容。

3. 个性化和上下文识别
　　内容审核系统未来将更加注重上下文识别和个性化，而不仅仅是关键词过滤。系统将根据用户的历史行为、偏好及社交网络内的互动关系来智能调整内容审核标准。

4. 多语言和多文化适应性
　　随着全球化，内容审核系统需要跨越语言和文化的边界，能够处理和理解不同文化背景下的内容。未来的审核系统需要适应不同语言的语义复杂性和文化语境，以做出正确的判断。

5. 用户参与自主管理
　　随着平台透明度要求的提高，用户参与内容审核的比例将增大。平台可能会允许用户对内容进行标记，并提供更详细的反馈原因，也可能加入社区审核的概念，让社区用户参与决策。用户对自身内容的控制和自主管理也成为一个趋势。

平台可能会为用户提供更精细化的内容过滤工具和偏好设置，使他们能够更好地控制自己看到的内容类型。

6. 隐私保护和合规

随着相关法律法规，例如《通用数据保护条例》(GDPR)或《加州消费者隐私法案》(CCPA)的实施，内容审核系统要在保护用户隐私的同时执行内容监管。这将要求相应系统在提高监管效率的同时，确保数据处理的合法性和安全性。

7. 可解释性和透明度

AI 系统在内容审核中的决策过程需要更加透明，以获得用户和监管机构的信任。因此，未来的系统需要具备更高的可解释性，允许外部了解 AI 是如何做出特定判断的。

8. 跨平台合作

各大社交平台和内容提供商将需要对抗相同的内容安全问题，所以跨平台的合作将是未来的趋势。这种合作可能表现为共享标注数据、危害信息和最佳实践。

9. 跨界融合和多模态内容审核

随着社交媒体和互联网平台上多媒体内容的爆炸性增长，内容审核不仅需要涉及文字，还必须增强对图像、视频、音频，甚至实时直播内容的审核能力。这要求审查系统能够理解和解析多种形式的内容，并能够捕捉到跨模态内容中的潜在违规信息。在线内容的形式日益多样化，内容审核将不仅限于识别简单的文本或图片，还将涉及音频、视频、虚拟现实(VR)、增强现实(AR)，甚至物联网(IoT)设备。审核系统需要跨媒介工作，识别和解析多种类型的内容。

10. 伦理和公正性的考虑

AI 系统倾向于根据历史数据做出判断，因此可能会不经意地复制或放大过去的偏见和歧视。为了避免此类问题，未来的内容审核系统需要综合考虑伦理和公正性，并确保在制定审核标准和算法时不会产生歧视性影响。

11. 深度伪造检测

深度伪造(deepfake)和其他合成媒体技术的发展使得检测虚假内容变得更加困难。内容审核系统需要引入先进的深度伪造检测技术，以区分真实与伪造内容，并判断其潜在的欺诈或误导性意图。

12. 反应时间和动态调整

随着信息传播速度不断加快，内容审核的反应时间变得尤为重要。未来的系统需要能够快速检测和应对新兴的违规内容和威胁，同时能够根据社会环境和平台政策的变化进行动态调整。

13. 认证和透明度报告

为了增强信任和责任，平台可能被要求提供有关其内容审核活动和准确率的透明度报告。这包括其使用 AI 技术的决策过程、错误检测的比率及对用户意见的回应。

14. 跨学科的研究与发展

内容审核技术的发展是一个跨学科领域，将会涉及计算机科学、社会学、心理学、法律学等多个领域的研究。未来的解决方案需要这些领域的专家共同协作，以构建更全面和有效的内容审核系统。

15. 开源软件和社区驱动的审核

为了鼓励透明度和创新，开源软件和社区驱动的内容审核项目可能会得到进一步推广。通过利用开源软件和社区的力量，平台可以更快地适应新的内容审核挑战，并提高系统的适应性和可扩展性。

16. 对抗滥用和逆向工程

内容发布者可能会试图通过研究审核算法来规避检测。因此，未来的内容审核系统需要时刻更新，以对抗滥用和逆向工程，并保持领先的优势。

17. 情感分析和心态检测

未来的内容审核系统可能会更深入地分析用户的情绪和意图。通过使用情感分析技术，系统能够判断内容中传达的情绪色彩，比如是否有攻击性、恶意或煽动性。这种技术将帮助判断内容是否可能引发负面社交影响，如网络欺凌或仇恨言论。

18. 终端用户的影响力考虑

内容审核也可能考虑信息发布者的社交影响力。这意味着对于那些拥有更多关注者或观众的用户发布的内容，系统可能会进行更严格的审查，因为它们具有更广泛的传播潜力和更大的社会影响力。

19. 法律和全球标准的适应性

不同的国家和地区对于互联网内容有不同的法律和规定，内容审核系统必须根据不同的法律框架进行调整。此外，未来可能会发布全球性的标准和行业最佳实践，以确保不同平台的内容审核策略具有基本的一致性。

20. 黑箱问题的解决

目前，AI 内容审核系统的决策过程通常比较像"黑箱"，外界很难理解其中的具体逻辑。将来，随着可解释 AI(Explainable AI)的不断发展，审核系统将变得更加透明和可理解，用户和监管者可以更清楚地知道为什么某些内容被标记或删除。

21. 灵活性和可调整性

在不断变化的网络环境和用户行为面前，内容审核系统需要拥有灵活性，能够迅速适应新兴的内容趋势和社会现象。系统也需要允许平台运营商根据自身的策略和风险管理需求来调整审核标准。

22. 儿童和青少年的保护

随着越来越多的儿童和青少年活跃在互联网上，针对这一特定群体的保护措施将会加强。这包括设计专门的算法和过滤器来排除对未成年人有害的内容，以及实施年龄识别和父母控制功能。

23. 协同过滤和群体智能

未来的内容审核可能会更多地依靠用户群体的反馈和报告，使用协同过滤技术捕捉群体智能对内容的评价。结合社区的力量和 AI 的自动化能力，这种方法可以在遵守审核标准的同时，更好地理解和响应用户对内容的感受。

24. 数据隐私和用户同意

随着人们对数据隐私的日益关注，任何涉及用户数据的处理，包括内容审核，都需要更加谨慎。内容审核系统必须严格遵守数据保护法规，如欧盟《通用数据保护条例》(GDPR)等，确保处理用户数据的合法性和透明度。未来的内容审核可能需要采用更多的隐私保护技术，如差分隐私和同态加密，以在不侵犯用户隐私的情况下进行内容的处理和分析。

25. 区域化和定制化

内容审核系统可能需要考虑不同文化和社区的特定需求和感受。例如，某些内容在一些文化中被视为正常，在其他文化中则可能被视为不恰当或冒犯。因此，内容审核策略将需要采用更为本地化和定制化的方法，以兼顾不同用户群体的文化差异和敏感性。

26. 自我学习和自适应

随着机器学习技术的不断完善，未来的内容审核系统将更加智能。AI 将能够自主学习和自适应，以响应新的内容形式和违规模式。这种进步将使内容审核更加有效，同时减少对人工干预的依赖。

27. 增强现实(AR)和虚拟现实(VR)的内容审核

随着 AR 和 VR 技术的普及和应用，内容审核不仅要面对传统的 2D 网络内容，还将扩展到 3D 虚拟环境。这些技术带来的沉浸式体验可能会产生新的形式的违规和有害内容，内容审核系统将需要拓展到这些新领域并解决特有的挑战。

28. 更加注重精神健康和积极内容

社交媒体上的负面内容和网络霸凌已被证实会对用户的心理健康造成损害。未来，内容审核会更加注重引导用户发布健康的、积极向上的内容。审核系统可以通过策略引导，鼓励用户进行正面的互动，同时识别并减少可能造成心理压力或焦虑的内容。

29. 技术与人性的平衡

技术的发展应与对人的尊重和伦理考量相平衡。在设计和应用内容审核系统时，应深刻考虑其对人类尊严、自由表达和创新的影响。技术发展应服务于社会的整体福祉，而非单纯获取商业利益或以监控为目的。

在讨论互联网内容审核的未来趋势和发展方向之前，我们首先要关注互联网信息传播的发展趋势，未来互联网信息传播发展趋势可能会围绕以下几个关键点展开。

(1) 信息流动的加速：随着技术的持续发展，信息传输速度显著提高，信息传播的速度将变得更快。5G 和将来的 6G 网络将使得更大容量的数据可以实时传输，用户能够几乎实时地接收和发送大量数据，并且在全球范围内更加无缝地共享信息。这将推动即时通信和实时服务的普及，同时也对数据管理提出了挑战。

(2) 个性化和定制化的进一步加强：精准算法和人工智能技术能够根据用户的行为、兴趣和过去的互动历史提供个性化的内容推荐。通过收集用户数据和应用机器学习算法，平台能够提供高度个性化的内容推荐，这将导致信息越来越个性化，更能吸引用户的注意力并提高参与度。这增加了用户黏性，也引起了对隐私侵犯和数据安全的担忧，以及可能限制用户的信息范围，从而创造"信息泡泡"。

(3) 媒体趋向多样化和融合：社交媒体、流媒体服务和传统媒体间的界限可能会进一步模糊。不同媒体形式的融合意味着用户可以通过多种途径接触和消费信息。这通常为用户提供了更丰富和更动态的互动体验，但也为内容审核和版权管理带来了新的挑战。

(4) 社交影响力的上升：社交媒体平台和影响者(抖音、微信)在信息传播中的作用将继续加大。企业和品牌可能更多地依赖于与社交媒体影响者的合作，以达到传播信息的目的。影响者和社交媒体平台的结合正在重塑广告和品牌推广战略。影响者营销的增长表明了社交媒体在信息传播中的影响力，这有助于迅速传播信息，也容易扩散不经核实的信息。

(5) 虚拟现实(VR)和增强现实(AR)技术的应用：未来，VR 和 AR 可能改变用户获取信息的方式，提供更加沉浸式和互动性的体验。信息传播将不再局限于屏幕，而是变成三维的沉浸式环境。VR 和 AR 技术创造了全新的沉浸式体验，为用户提供了互动性更强和身临其境的环境。这可能改变教育、娱乐和零售等行业，同时需要解决隐私、健康和技术准入等方面的问题。

(6) 边缘计算和物联网(IoT)：更多的智能设备和传感器将被连接到互联网。

边缘计算使得数据处理可以在数据产生的地方进行，这将使得信息传播能够更加快速和分散，也带来数据隐私和安全方面的新挑战。物联网设备的普及和边缘计算的发展正将数据处理和信息流动分散到网络的边缘，减少对中心服务器的依赖。这增加了对数据隐私和安全的挑战，尤其在跨设备连接性和兼容性方面。

(7) 假信息的制造与传播：随着信息传播的加速，识别和阻止假信息及误导性内容的能力将变得更加重要。信息的快速传播使得假新闻和误导性内容更加难以控制。这需要内容审核人员、自然语言处理技术和用户自身进行线上信息真实性的辨识和验证。

(8) 自动化和机器学习：随着机器学习和自动化技术的进步，内容的创建、优化和发布将更加高效。新闻机构和媒体公司可能会利用这些技术来生成报告或个性化内容，提高生产力并降低成本。机器学习的发展使得内容创作变得自动化，允许快速生成新闻报道和其他内容。这可能改善媒体产出效率，同时可能影响工作岗位，并引起对机器偏见的担忧。

(9) 直播和实时互动内容的兴起：直播视频和实时互动内容将继续吸引用户的兴趣，提供一种即时性和互动性的体验，有助于提高观众的参与度。直播视频和实时互动内容使得用户能即时参与事件和活动，这强化了媒体与用户之间的联系。这种互动形式要求即时的内容监管和更好的带宽管理。

(10) 深度伪造技术与信息真实性的挑战：深度伪造技术(如 deep fake)的发展可能导致误导信息和虚假内容的增加。辨别内容真实性和来源的技术和措施，比如区块链和数字指纹(如内容身份验证工具)，将变得更加重要。随着深度伪造技术的发展，虚假内容制造变得更加简单和逼真。这要求有新的技术来验证内容真实性，如使用区块链来跟踪内容来源和采用数字指纹技术确保内容未被篡改。

(11) 隐私保护和数据监管：消费者对个人隐私的担忧和对数据滥用的警觉将驱使政府实施更严格的数据保护法规。公司将需要更加透明地处理用户数据，并确保遵守相关的法律和规定。随着用户对隐私权的关注日增，更严格的数据保护法规和技术被开发出来以应对信息收集和使用的担忧。这对企业来说是一把双刃剑，既要保护用户隐私，又要从数据中获取商业价值。

(12) 去中心化的网络和服务：随着对隐私和数据主权的担忧增加，去中心化的网络和服务可能会变得更加流行。这些平台通过分散的网络节点来存储和传播信息，减少中心化实体对数据的控制，并可能提供更高程度的匿名性和安全性。为应对数据中心化带来的风险，去中心化网络和服务提供了替代方案。它们通过分散化存储和管理数据，增强了网络的鲁棒性和用户的隐私保护，同时对数据的实时性和一致性提出了挑战。

(13) 永久性存档与数字遗产：由于数字内容的易腐性，将会有更多的关注点投向如何永久保存互联网上的信息。同时，个人和组织将需要考虑他们的数字遗产，即他们在线活动和创造的内容在他们去世后的去向和管理方式。随着数字化内容的重要性增加,人们开始关注长期存储和数字遗产管理。这涉及如何保存数字内容使之免受技术陈旧化的损害,并确保用户的在线遗产得到妥善处理。

随着技术的进步,社会、政策制定者、企业和个人都将需要适应这些变化,采取相应的措施来保证信息的质量与真实性,同时保护用户的隐私和数据安全。

这些趋势综合起来,影响着我们生活的各个方面,从消费媒体的方式,到如何与信息互动,乃至隐私和个人数据的安全。随着这些技术和平台的不断演变,我们也需要适时调整策略来应对这些变化带来的风险和机遇。

信息传播领域的未来充满可能性,各种技术和社会变革都将对消费信息的方式产生深远影响。随着这些趋势的发展,我们需要一个稳健的法律和伦理框架来应对新兴挑战,同时确保信息传播的健康和可持续性。

未来的互联网信息传播将是一个不断演变的领域,技术进步将持续推动新的平台、格式和策略的出现。同时,全球社会也需要就隐私、安全性、知识产权和数字分裂等面临的挑战进行更深层次的讨论。

10.2　企业和组织如何应对未来

不同类型的企业在互联网技术的发展中扮演着不同的角色,并需要承担各自的责任。以下是一些主要参与者的概述及其责任。

1. 社交平台

社交平台是信息传播和社交互动的主要场所,它们允许用户分享和消费内容,对社会舆论有实质影响。腾讯(Tencent)旗下有微信(WeChat)和 QQ 等社交平台,字节跳动(Byte Dance)旗下拥有抖音(Dou yin,海外版本为 TikTok),等等。其主要职责是建立有效的内容监管机制,以识别和抑制虚假信息、仇恨言论和非法内容的传播,保护用户数据的隐私并确保其不被滥用。可采取的应对措施包括:

(1) 实现强化的内容审核和监管机制,使用人工智能辅以人工审核来识别和打击虚假信息和有害内容;

(2) 提高透明度,公开其数据收集和处理方式,以及内容分发算法;

(3) 创造和推广数字素养教育,帮助用户批判性地评估和消费媒体内容。

2. 搜索引擎公司

搜索引擎是用户发现网络内容的主要工具之一,通过索引和排序算法影响信息的可见性。百度(Baidu)是中国最大的搜索引擎,搜狐(Sohu)是中国最早的门户搜索引擎,微软的必应(Bing)中国版是近期增长迅速的搜索引擎,等等。其主要职责是确保搜索结果的公正性与透明性,避免误导用户;与此同时,需要打击搜索结果中的虚假信息和欺诈性内容。可采取的应对措施包括:

(1) 增加对网站质量和可信度的评估，将正面的、经过事实查证的内容放在较为显著的位置；

(2) 与事实核查组织合作，标记经核实的信息和散布虚假信息的源头；

(3) 开发和使用反欺诈算法来检测和降低虚假信息出现的概率。

3. 内容创造者和发布者

内容创造者和发布者负责创造和散播新闻、信息和观点。例如：新华社是中国的官方新闻机构，南方周末是知名的新闻和深度报道出版物，凤凰网可提供多样化的新闻和信息服务，等等。其主要职责是确保信息的准确性和可靠性，遵循道德标准，防止散播不实消息。可采取的应对措施包括：

(1) 建立和维护严格的编辑和事实核实标准，只发布经过验证的信息；

(2) 设立透明的来源标注和更正政策，以建立公众信任；

(3) 强化版权保护措施，保护原创内容不被非法复制或剽窃。

4. 网络服务提供商

中国电信(China Telecom)、中国移动(China Mobile)、中国联通(China Unicom)等，作为基础服务提供者，提供基础网络连接和访问服务。其主要职责是提供安全的网络连接，并协助打击网络犯罪和滥用行为。可采取的应对措施包括：

(1) 提升网络基础设施的安全防护，防止黑客入侵和数据泄露；

(2) 合作监测和防范网络攻击，如抵御分布式拒绝服务(DDoS)攻击；

(3) 给用户提供更多的控制工具，以便更好地管理个人隐私和数据安全。

5. 数据科技和分析公司

数据科技和分析公司分析用户数据以发现趋势、获取商业洞察及提供个性化的内容推荐。例如：商汤科技(Sense Time)专注于人工智能和数据分析，依图科技(YITU Technology)从事人工智能研究和相关产品的开发，等等。其主要职责是在数据分析过程中遵守隐私法规，保护用户数据不被泄露或非法使用，并对推荐算法的影响进行透明披露。可采取的应对措施包括：

(1) 遵循数据最小化原则，仅收集服务必需的数据；

(2) 加密传输和存储数据，保护客户的商业和个人信息；

(3) 为企业提供合规指导，帮助他们理解并遵守各种隐私法律和标准。

6. 网络安全公司

网络安全公司提供网络安全解决方案以防护网络攻击、防止数据泄露和抵御其他安全威胁。例如：360安全技术(Qihoo 360 Technology Co. Ltd.)提供安全产品和服务，绿盟科技(NSFOCUS)是专业的网络安全解决方案供应商，等等。其主要职责是开发高效的安全工具，帮助检测和防御针对企业和个人的网络攻击，并协助发生攻击时的数据恢复。可采取的应对措施包括：

(1) 开发更先进的防毒软件、防火墙、入侵检测系统等安全产品；

(2) 提供威胁情报和反应服务，帮助企业快速响应安全事件；

(3) 举办网络安全培训，提升用户的安全意识和防护能力。

7. 云服务提供商

云服务提供商提供庞大的存储和计算能力服务，托管大量企业和个人的数据和应用程序。例如：阿里云(Alibaba Cloud)是阿里巴巴集团的云计算及解决方案分支，腾讯云(Tencent Cloud)是腾讯集团的云计算及解决方案分支，华为云(Huawei Cloud)是华为公司的产品、云计算及解决方案分支，等等。其主要职责是提供安全可靠的云服务，保护存储在云平台上的数据不遭受未经授权的访问和泄漏。可采取的应对措施包括：

(1) 实施多层次的安全措施，包括身份和访问管理、数据加密和物理安全等；

(2) 提供灵活的数据管理工具，使用户能够轻易地控制自己的数据；

(3) 不断更新和优化安全协议以应对新兴的威胁和挑战。

8. 软件和应用开发公司

软件和应用开发公司开发和维护多种软件和应用程序，包括内容创作工具、办公软件等。例如：金山软件(Kingsoft Corporation)提供多种软件产品，包括 WPS Office，万兴科技(Wondershare)提供多种软件产品，包括亿图(edrawsoft)，等等。其主要职责是确保软件提供充分的安全保护和隐私设置，并及时修复可能导致数据泄露或滥用的安全漏洞。可采取的应对措施包括：

(1) 在设计阶段就将安全作为基本要求，采用安全的编码实践；

(2) 定期更新和修复软件漏洞，及时发布安全补丁；

(3) 提供用户隐私保护功能，默认开启最严格的隐私设置。

9. 法律和合规咨询公司

法律和合规咨询公司为各类企业提供有关网络法规、隐私和合规的专业咨询服务。例如：大成律师事务所(Da Cheng Law Offices)是中国规模最大的综合性律师事务所之一，提供包括互联网法律咨询的全面法律服务；中伦律师事务所(Zhong Lun Law Firm)是中国规模最大的综合性律师事务所之一，提供包括互联网法律咨询的全面法律服务。其主要职责是帮助企业了解并遵守所在地区的法律法规，协助企业建立符合法规要求的数据和内容管理制度。可采取的应对措施包括：

(1) 提供当前和未来预期法规的合规性审核服务；

(2) 跟踪全球数据保护法的最新动态，为客户提供前瞻性的合规建议；

(3) 管理和减缓合规风险，包括培训员工和建议技术实施策略。

10. 区块链技术公司

由于我国区块链行业的上市公司多集中于产业链下游，区块链技术与各企业原有业务相结合，较难剥离单纯的区块链业务，所以这一类型的独立公司很少。这些区块链技术公司通过分布式账本和智能合约等技术，提供存储、交易和验证解决方案。其主要职责是提供透明、安全的网络服务，保障数据的真实性和不可篡改性，并提供有效的用户控制机制。

可采取的应对措施包括：

(1) 开发用户友好的应用(DApps)，以提高透明性和安全性；

(2) 充分利用区块链不可篡改和加密特性，确保数据真实可信；

(3) 不断优化网络协议与用户界面，使其能够更广泛地被非技术用户接受和使用。

企业在享受互联网带来的商机与便利的同时，也应当认识到自身在维护健康网络环境和保护用户利益方面的重要角色。这要求它们在技术发展、运营管理和法律遵循等多方面持续努力，以达到可持续发展和承担社会责任的双重目标。

10.3 未来的互联网内容安全管理可能面临的全新挑战

互联网内容审核与信息安全工作在面对以上互联网传播的变化和趋势时，将遇到一系列复杂的风险和挑战。

(1) 虚假信息与深度伪造：技术的进步，特别是深度学习和人工智能，使得创建逼真的虚假信息和深度伪造(deep fake)变得越来越简单。这对信息审核团队来说是一个巨大的挑战，因为它要求他们持续更新技术和方法，以识别和过滤掉高度逼真的假信息。

(2) 大规模数据泄露与隐私侵犯：个人信息的泄露和隐私侵犯事件频发。随着数据量的增加，保护这些数据不受黑客攻击和未授权访问的难度也在增加。

(3) 算法偏见与透明度：算法在内容审核过程中扮演着越来越重要的角色。然而，算法本身可能携带设计者的偏见，或者在学习过程中吸收了现有数据的偏见。这可能导致对特定内容或群体的不公平对待。

(4) 信息过载与筛选失败：随着信息的快速增长，内容审核系统可能难以跟上，并且有效地进行筛选。这可能导致有害或不准确内容的流传，或者重要内容被错误地屏蔽。

(5) 国际法律与规章的冲突：随着信息快速流动，不同国家的法律和规章可能存在冲突。内容审核人员需在遵守当地法律的同时，把握全球化传播的特点。

(6) 网络安全威胁和攻击：越来越复杂的网络攻击持续威胁网络信息安全，从 DDoS 攻击到高级持续性威胁(APT)，都需要运用专门的知识和技术来进行抵御。

(7) 去中心化平台的管控挑战：去中心化网络和服务在提高隐私保护的同时，也给内容审核和信息安全带来挑战。去中心化平台的匿名性可能成为非法和有害内容传播的温床。

(8) 多样化媒介与跨平台内容传播：信息在多样化的媒介上传播，审核需要适应不同格式的内容，包括文本、图片、音频、视频等，这增强了审核的复杂性。

(9) 情感分析和生物识别技术的滥用：这些技术在用于定制内容和广告时可能侵犯用户的隐私，也可能成为钓鱼攻击和社会工程攻击的工具。

(10) 用户参与度和用户生成内容(UGC)的风险：用户不断参与内容创造的同时，也带来了色情、暴力、激进主义内容等风险。拦截这些内容对于审核工作来说尤其具有挑战性。

(11) 良好平衡的必要性：信息审核需要在言论自由和内容限制之间找到一个合理的平衡点。过于严格的审查可能导致审查制度被批评为压迫自由，而宽松则可能造成有害内容的滥用。

面对这些挑战，信息审核和安全机构需要投入大量资源来研发更高效的技术和战略。同时，其还需要不断更新监管框架，创造有利于保护个人隐私、保障信息自由流通及维护信息安全的法律环境。

互联网内容审核将更加智能化、高效、个性化，并且符合法律法规要求。这些趋势都指向一个共同目标——维护网络环境的秩序和安全，同时平衡内容的自由与责任。

随着技术的快速发展和全球社会的不断变化，内容审核将变得更智能、更符合伦理、更尊重个人隐私、更能反映多元文化差异等。这一领域的持续进步，将会迎合日益发展的全球网络社会的需要和期待。

综上所述，互联网内容审核的未来方向是一个综合技术进步、政策变化、用户需求改变的复杂领域。随着技术的迭代和人们对内容审核系统期望的提高，我们可以预见这一领域将会经历持续的变革和创新。

10.4　互联网内容审核的产业升级和优化

互联网内容审核作为产业，旨在创建和维护一个安全、健康、合法及积极的在线环境。互联网内容审核是一个多层面的、复杂的过程，涉及技术工具、人力资源及细致的策略规划等。未来，整个互联网内容审核产业将在技术、管理和政策上进行升级和优化，以满足日益增长的需求和解决现存及未来可能出现的挑战。表 10-1 总结了内容审核产业的几个核心领域。

表 10-1　内容审核产业核心领域分析

项目	核心工作内容	主要工作方式	应用手段方法	未来发展趋势	升级优化方向
内容过滤与审核策略制定	根据国家的法律法规、公司的政策及社会公序良俗制定,制定时对色情、暴力、仇恨言论、误导性信息、版权侵犯等各种形式的有害内容进行识别和处理	研究立法政策、制定社区准则、研究案件;根据当地法律法规和社区准则来确定允许和禁止的内容	制定公开透明的内容审查标准,定期更新准则;为不同类型的内容(如暴力、色情、仇恨言论、假新闻)制定详细规则	逐渐向国际协作和一致性标准发展,促进全球化的互联网平台在不同国家和文化背景下的统一管理	在国际合作的框架内发展,制定更加普适、灵活的审核策略,同时保留对地方文化和法律的敏感性和适应性
自动化技术应用	将自动化技术广泛用于大规模识别和网上内容分类	做自动化筛选,完成算法训练;使用人工智能、机器学习、自然语言处理等技术自动识别和过滤有害内容	图像和视频分析工具、文本分析工具、用户行为分析系统(注意:要不断更新和训练自动化系统,以识别新的不当内容和行为模式)	AI 和机器学习技术会更精准,少误报、少遗漏,能更好地理解语境和复杂场景	继续投资研发,提升算法准确性,使筛选技术能更好地与人工审核结合,提高审核速度和效率
人工审核	人工审核员对自动化算法可能遗漏或误判的内容进行检查	审核员手动检查,分析内容上下文;对自动化工具标记的内容进行人工审核,以确保处理决策的准确性	举报系统、用户反馈、在线审核平台(注意:需要不断培训审核团队,以适应内容审核的政策变更)	降低工作对审核员的心理影响,创造更好的工作环境和资源支持	提供更好的职业培训和心理健康支持,使用先进的工具辅助人工审核,减小劳动强度
质量控制与监督	做好内容审核的质量控制,根据周期性评估审核结果做相应的调整	设计审计、监督、质量反馈循环;定期检查审核系统和审核人员的效果	通过内部审核、独立第三方评估、数据分析等处理错误识别的情况,制定内容申诉和再审核的流程	实现更透明、更自动化的质量控制流程,增强社会公众对审核流程的信任	建立更智能的监控系统,实时跟踪审核结果和用户反馈,快速调整政策和流程

（续表）

项目	核心工作内容	主要工作方式	应用手段方法	未来发展趋势	升级优化方向
用户教育与引导	通过教育用户，降低不良内容的产生	通过界面设计和信息推送来引导用户发布和分享适当的内容	教育性文章、提示消息、引导性界面设计	提高用户自我调节和内容贡献的质量，通过教育和引导减少不良内容的产生	开发智能引导工具，如实时提醒和建议，以及创建教育平台，增强用户意识
法规遵从和数据管理	符合适用的法律法规，并妥善处理用户数据	合规性审查、用户数据管理；了解各个国家和地区关于互联网内容的法律法规，并确保审核政策与其保持一致	数据加密、访问控制、合规性审计	随着隐私保护法规的加强，对数据管理的要求将更高	强化安全措施，确保数据管理体系符合最新的法规，同时为用户提供更高的透明度
透明度报告和沟通	增强社会对内容审核系统的信任	定期发布透明度报告，提供有关内容审核操作的统计和分析数据	透明度报告、公开论坛、用户界面公示	提供更高频率和更细致的透明度报告，以及与公众交流	建立实时透明度报告系统，让外部监管机构和公众可以更容易地访问相关数据和分析结果
危机应对与紧急事件处理	对可能引发社会危机的内容或紧急情况，做出快速有效的处理	建立紧急响应机制；对突发的不当内容传播或网络安全事件迅速进行响应和处理	信息快速响应系统、执法协作、专项工作小组	制定快速、灵活的应急机制，以应对不断变化的网络环境和潜在威胁	建立跨机构、跨国界的紧急响应团队，使用先进的监控和响应技术迅速做出反应
心理健康支持	提供心理健康支持	提供心理健康辅导，做好压力管理；为从事内容审核工作的员工提供心理健康支持和辅导	提供心理辅导服务、合理安排工作与休息时间、组织休闲活动	越来越重视员工福祉，提供综合性心理健康支持和职业发展路径	为一线审核人员提供更加系统的心理健康方案，包括预防、干预和长期跟踪

（续表）

项目	核心工作内容	主要工作方式	应用手段方法	未来发展趋势	升级优化方向
技术和策略创新	探索和实施新的技术解决方案	研发新工具、调整策略；不断探索和实施新的技术解决方案	合作研发、实验室测试、市场研究	快速适应新兴的内容类型和传播方式，以及不断发展的网络生态	设立研发中心，专注于新兴技术(如深度学习、区块链)在内容审核中的应用及策略的灵活调整

在执行这一系列的工作时，平衡用户的言论自由权利和社区健康发展是一项重要且有挑战性的任务。互联网公司和相关监管机构都在不断地优化他们的工作方法，以提高内容审核的效率和准确性，同时尽量减少对用户正当权益的影响。

整体而言，产业的升级和优化需要各个层面的同步发展，包括投资研发、制定先进的管理和操作规范、提供足够的员工支持，以及积极响应社会和法规的变化。随着科技的进步和全社会对网络环境健康的重视，内容审核产业将变得更加智能化、人性化和高效。

10.5 互联网内容审核的创新与变革

10.5.1 互联网内容审核的创新

针对中国互联网内容审核行业的创新与变革，结合国内实际情况，我们从新技术应用、政策法规调整、服务质量、降低成本、加强合作等几个方面进行分析。

1. 新技术应用

在新技术应用方面，要发展更精准的机器学习模型和深度学习算法，以提高自动审核的准确性和效率；结合人工智能和大数据，进行预测性内容过滤，提前发现可能违规的内容趋势。

(1) 人工智能与大数据。中国在人工智能(AI)技术发展方面的步伐相当迅速。内容审核中 AI 技术的应用，如图像识别、语音识别和自然语言处理(NLP)，已经非常普遍。通过深度学习算法训练系统能有效识别涉黄、涉暴、反动等违规内容，并且随着技术进步，不断提升算法的精准度。

(2) 云计算和边缘计算。云计算在处理和存储海量数据方面提供了极大便利，使得内容审核更加高效。边缘计算的兴起则进一步优化数据处理流程，减少延迟，提高实时性，对于及时处理和审核大量用户生成内容(UGC)至关重要。

2. 政策法规调整

对政策法规进行调整时，应关注和适应国家关于互联网内容审核的最新法规，保障审核工作的合法合规；建立健全内部监管架构，确保及时应对法规变化。

(1)《网络安全法》和《个人信息保护法》。中国严格的网络安全法规要求平台对上传的内容负监管责任。《个人信息保护法》的出台，又对用户数据的收集和处理提出更高的要求。内容审核服务需要在这些法律框架内运行，同时保护用户隐私。

(2) 内容审核标准化。中国政府推动内容审核标准化，明确各类违禁内容的界定和处理方式，要求平台遵守相应的管理规定。这些标准化进程有助于统一内容审核的标准，减少审核的模糊性和不确定性。

3. 服务质量

要制定更为科学的审核流程，减少人工审核的负担，提高工作效率；实施更细致的用户体验设计，确保在满足法规要求的同时，不过度干扰用户内容的发布和传播。

(1) 用户体验。随着技术的提高和市场竞争的加剧，平台更加重视用户体验，努力在保障内容合规的同时，尽量减少对用户发布内容的干扰，实现审查的精细化和个性化。

(2) 员工培训和支持。为了提升内容审核的质量和效率，提供员工教育、培训和心理健康支持是必不可少的，这有助于提高审核的准确性和提升员工的工作心理状态。

4. 降低成本

优化成本始终是企业运营的主要工作目标之一。要寻找更有效的管理模式、引入更高效的管理工具和业务工具，用技术和机器剥离不需要情感和创造力的、简单的、重复的、统一性的、精确性的工作是目前降低成本的合理方向。

(1) 自动化与优化。通过增强自动化内容审核工作，我们可以减少对人员的依靠，以此降低审核成本。自动化系统能快速处理绝大多数简单或明显的违规内容，只有那些更复杂或不清晰的案件才转交给人工审核。这不仅提升了审核效率，也节约了成本。

(2) 系统的人机结合。我们正逐步步入一个与机器紧密结合的新时代，在这个时代，复杂问题的解决需要人和机器共同努力。人类负责处理情感类问题、判断复杂意图，并提出创新的解决方案；机器则专注于进行精确查询、处理繁杂的流程，以及确保服务标准的一致性。这种人机合作能够优化工作效率和服务品质。

5. 加强合作

与其他平台和机构开展行业内合作，共享经验，制定统一或兼容的内容审核标准。

与标准组织与企业合作，引入先进的技术和经验。

(1) 行业协作。在履行政策要求的同时，多个平台和机构间建立合作关系，共享有关违禁内容的信息，形成联合防范和处理违规内容的机制。

(2) 企业协作。通过标准化的工作流程，与上下游企业建立长期稳定的合作关系，打通业务流、数据流和信息流，建立能力互补的强产业业务链条，保持企业的核心竞争优势。

10.5.2　互联网内容审核的变革

中国的互联网内容审核行业正经历一系列深刻的变革。新技术的运用，国内严格的政策法规，日益提升的服务质量，以及在成本效益和行业合作上的新策略等，共同推动着内容审核工作向更高效、更智能、更细致的方向发展。

在明确了主要的创新与变革大方向之后，我们继续探讨在中国互联网内容审核领域的创新，如何围绕这些关键点进行战略规划，并开展具体工作。

1. 技术研发和应用

技术研发和应用可以为企业、组织，甚至整个社会带来积极的变革，引导行业进步，为整个社会带来积极的影响。

1) 主要方向

(1) 人工智能与机器学习：利用 AI 和 ML 技术来分析大数据、优化业务流程、做出自动化决策等。

(2) 数据分析与大数据：通过对海量数据的分析来识别模式、预测趋势和提供洞见。

(3) 云计算与边缘计算：采用云服务提供灵活、可扩展的计算能力，借助边缘计算优化数据处理速度和降低时延。

(4) 区块链技术：使用区块链提高数据交易的透明度、安全性和不可篡改性。

(5) 物联网(IoT)：通过在设备中植入传感器和智能技术来收集数据并远程控制设备。

(6) 自动化与机器人流程自动化(RPA)：通过自动化来提高效率和准确性。

(7) 增强现实(AR)与虚拟现实(VR)：用于培训、模拟、提升用户体验等。

2) 具体方法

(1) 研究与发展(R&D)：与科研机构合作开展国家重点项目等；设立内部创新实验室或孵化器，推动新的创意和开发新的技术。

(2) 人才培养和团队建设：通过高校合作、企业培训、在线课程等方式加强人员的技术培训和教育；建立跨学科团队，鼓励具有不同背景和专业知识的人才进行交流和协作。

(3) 技术试点和迭代：开展小规模试点项目，做快速迭代和调整，待项目成熟后再扩大规模；结合用户反馈和市场需求，不断优化产品和服务。

(4) 技术标准化：参与或关注相关技术标准的制定，确保技术能够广泛兼容。

(5) 安全与隐私保护：确保新技术的应用符合数据保护法规，如《通用数据保护条例》(GDPR)、《个人信息保护法》等；落实最佳的安全实践，以保障技术在安全和隐私上得到用户的信任。

(6) 合作伙伴和生态系统建设：与科研机构、行业领导者等建立战略合作伙伴关系。

(7) 构建开放生态体系，鼓励创新和技术的开放。

3) 工作开展

(1) 持续研究并采用先进的人工智能技术，如自适应深度学习模型。

(2) 做好大规模数据分析，收集并标注教育数据，以提升算法的准确性。

(3) 引入图像和视频处理的新技术，以提高多媒体内容的审查质量。

2. 审核流程优化

审核流程优化旨在提高审核流程的质量和效率，同时降低成本。

1) 主要方向

(1) 自动化处理：使用软件工具来自动审核标准流程中的内容。

(2) 人工智能辅助：利用 AI 技术识别复杂情况和决策质量。

(3) 数据管理：优化数据收集和处理，保证审核使用的信息是最新和最准确的。

(4) 流程简化：减少不必要的步骤和瓶颈，创建更为直接和高效的流程。

(5) 培训与发展：定期对审核人员进行培训，提升其技能和决策质量。

(6) 质量控制：建立质量控制机制以监督和提升审核结果的稳定性和准确率。

2) 具体方法

(1) 精益管理：应用精益管理原则，剔除流程中的浪费，强化价值创造环节。

(2) 六西格玛：使用六西格玛工具对流程质量进行控制和改进。

(3) 持续改进：定期对流程进行评审，收集反馈，实施改进措施。

(4) 技术集成：整合最适合的技术平台，以确保流程自动化和数据分析的高效实施。

3) 工作开展

(1) 分析当前审核流程，确定问题所在，标出改进点。

(2) 设计并实现自动化工具，比如使用自然语言处理和机器学习以自动识别大量规则性违规内容。

(3) 对数据管理系统进行升级，以便实时更新和共享审核所需的信息。

(4) 删减或重新设计那些低效、重复的审核步骤。

(5) 提供专业培训课程，确保审核人员快速适应新规则、新工具和新流程，提升审核人员处理复杂案件的能力。

(6) 建立性能指标，如审核准确率、处理时间等，定期进行测量和评估。

(7) 保持持续改进的心态，鼓励团队提出改进建议，并实施有效的方案。

(8) 加强后续审核的质量控制，包括抽样检查、结果反馈和错误纠正。

3. 符合政策和监管要求

确保业务操作符合政策和监管要求是所有组织的重要责任，应遵循从评估、规划到执行和监控的循环过程，并在必要时进一步迭代和改进。

1) 主要方向

(1) 合规性建设：构建和维护一个全面的合规性框架，确保所有业务活动和流程符合相关法规和政策要求。

(2) 风险管理：通过识别、评估和控制可能导致不合规的风险，降低潜在的法律和财务风险。

(3) 监管报告：准备和提交所需的监管报告，维护与监管机构的良好沟通。

(4) 员工培训：培训员工了解相关的法律、政策和内部规定，提高他们的合规意识。

(5) 持续监控和改进：定期检查和更新合规框架，确保适应新的法规和市场变化。

2) 具体方法

(1) 法律顾问：和法律顾问合作确保对现行法律和政策有正确的解读。

(2) 合规性工具与技术：利用技术来加强监测、报告和风险评估等合规活动。

(3) 内部审计：定期进行内部审计以检查和评估合规性措施的有效性。

(4) 治理结构：建立明晰的治理结构以分配合规责任，并确保责任明确。

3) 工作开展

(1) 评估现有合规性状况：审查和评估组织当前的合规性状况，以及与法律和监管要求的一致性。

(2) 制订合规计划：基于评估结果，制订或更新按要求执行的详细合规计划。

(3) 文档管理：确保所有监管文件和记录得到适当的管理和保存。

(4) 制度化政策和程序：开发和实施内部政策和程序以指导合规行为。

(5) 开展培训和教育项目：必要时对员工进行定期的合规培训和教育。

(6) 监控和报告：确保所有活动都得到适当的追踪，并定期向管理层报告。

(7) 定期审计和检查：通过定期审计和检查合规程序，确保它们依然适用且有效。

(8) 应对违规行为：建立明确的流程来处理任何识别出的合规问题或违规行为，并迅速采取纠正措施。

4. 内部管理和员工关怀

内部管理和员工关怀是企业文化中重要的一环,它有助于提升员工的满意度、忠诚度及整体工作的生产力。这项工作需要领导和各级员工共同努力,不断评估和改进管理实践,从而创建一个有利于提升员工幸福感与生产力的环境。

1) 主要方向

(1) 组织文化建设:打造一个积极、包容的工作环境,强化共同价值观和企业使命。

(2) 员工职业发展:为员工提供职业发展机会和路径,鼓励自我提升和职业增长。

(3) 沟通与反馈:增强管理层与员工之间的双向沟通,了解并回应员工需求。

(4) 工作环境和条件:提供一个安全、健康的工作环境,以及合理的工作条件。

(5) 员工福利与激励:设计和实施能吸引并留住人才的福利政策和激励措施。

(6) 心理健康支持:提供员工压力管理和心理健康支持资源,提高员工整体福利。

(7) 多元与包容性:推广多元化和包容性,使所有员工都感到被尊重和价值。

2) 具体方法

(1) 领导力发展:通过培训提高管理层的领导能力,特别是在人员管理和员工关怀方面。

(2) 员工满意度调查:定期进行满意度调查,以收集员工的反馈和意见。

(3) 性能与发展评估:定期进行性能评估,并讨论员工的职业发展计划。

(4) 认识和奖励:实施公正的认识和奖励体系,以表彰杰出贡献。

(5) 健康与福利计划:提供包括健康保险、退休计划和其他福利计划在内的综合福利包。

(6) 员工关系管理:设立专门团队处理员工关系事务,包括冲突解决和内部沟通。

3) 工作开展

(1) 定期团队建设活动:组织团队建设和员工聚会活动以增强团队凝聚力。

(2) 实施培训与发展计划:为员工提供技能提升、职业规划等方面的培训和资源。

(3) 创建开放的沟通渠道:设立问卷调查、意见箱、员工会议等多种沟通途径。

(4) 优化工作空间:改善工作环境,以提供更舒适和更有助于生产力提升的物理空间。

(5) 审查和改进福利计划:定期审查和改进福利计划,并确保员工清楚了解福利内容。

(6) 提供心理健康支援:设立心理咨询服务,举办工作压力管理研讨会等。

(7) 开展多样性和包容性培训：引导员工理解多样性和包容性的重要性，并提升多元文化活动。

(8) 建立有效的绩效奖励制度：根据员工绩效，提供公正的奖金、提升等奖励。

5. 合作共赢

合作共赢是一种战略思想，指的是通过合作伙伴之间的相互支持、共享资源和优势互补，实现双方或多方的共同发展和成功。实施合作共赢战略需要充分认识和尊重每个合作伙伴的需求和能力，以及在整个合作过程中保持公正和透明。只有构筑稳固的合作基础，才能真正打造长期稳定的共赢局面。

1) 主要方向

(1) 目标一致性：确保所有合作伙伴都有共同或互补的目标。

(2) 利益平衡：确保合作中各方都能得到相应的利益，避免出现不平等的情况。

(3) 交流与信任：通过透明的交流建立信任，这是成功合作的基础。

(4) 资源与能力共享：共享资源和能力，以实现合作过程中的协同效应。

(5) 长期伙伴关系：致力于培养长期的合作伙伴关系，而不是短期的交易关系。

(6) 可持续发展：在合作中考虑环境、经济和社会因素，致力于可持续发展。

2) 具体方法

(1) 建立合作框架：设计合作机制，包括合作条款、利益分配、决策过程等。

(2) 伙伴选择：评估潜在合作伙伴的兼容性，选择和公司文化、目标相符合的伙伴。

(3) 风险管理：识别和评估合作可能面临的风险，制订风险管理计划。

(4) 价值链整合：分析和整合价值链以优化合作过程。

(5) 协同创新：激励合作伙伴进行协同创新和知识共享，如通过论坛、研讨会等形式，与业界同行分享经验，共同推进内容审核技术的进步和标准的制定。

(6) 监督和评估：监控合作进程，定期评估合作关系的有效性。

3) 工作开展

(1) 共同规划：和伙伴一起制订合作计划，明确各方的目标、责任和预期成果。

(2) 制定合作协议：草拟明确的合作协议或合同，规范合作关系。

(3) 建立沟通机制：定期组织会议、调整策略，确保双方沟通畅通无阻。

(4) 互相学习：通过技术交流、员工培训等方式，实现知识和经验的共享。

(5) 定期审核：定期回顾合作绩效，识别问题并共同寻找解决方案。

(6) 资源整合：将双方的资源(如资本、技术、市场渠道等)进行整合，实现优势互补。

(7) 创造双赢策略：设计融合双方优势的产品或服务，增强市场竞争力。

(8) 公平解决冲突：建立公正的冲突解决机制，确保合作关系能够健康持续。

6. 成本控制

做好成本控制，不仅能够有效降低互联网内容审核的成本，还能提升整个审核过程的效率和准确性。需要注意的是，成本降低的策略应确保不牺牲审核质量和用户体验，并符合法律法规和社会伦理的要求。为降低互联网内容审核的成本，可以围绕以下方向制订战略规划和确立具体的执行方法。

1) 主要方向

(1) 提高自动化水平：发展和应用先进的 AI 技术来自动检测和过滤内容，减少对人工审核的依赖。

(2) 优化审核算法：持续改进算法的准确性，以减少误报和漏报，从而降低人工再审核的需要。

(3) 提高云计算效率：利用云计算资源的弹性特性，根据审核需求动态调整资源使用，以优化成本。

(4) 合作与资源共享：与其他企业或机构合作，实现审核资源、工具和数据库的共享。

(5) 员工教育和培训：提高审核人员的效率，减少因错误审核造成的重复劳动及其带来的成本。

2) 具体方法

(1) 自动化和智能化提升：开展专项研发项目，集成最新的机器学习和自然语言处理技术，提高审核工具的智能化水平；开发适合中国语境的内容审核算法，有效应对地域化及语言文化特性；定期更新维护 AI 模型，以适应不断变化的网络内容和新兴的违禁类型。

(2) 算法优化：进行数据分析，识别算法的薄弱环节，通过算法调校和学习样本的优化精准识别违规内容；实施 A/B 测试等方法，比较不同算法或策略的成本效益，优化审核策略。

(3) 云资源管理：基于云计算平台选择最优成本的计算资源，通过弹性伸缩实现成本的动态调整；实行云资源的按需分配，利用高性价比的云产品和服务来降低运营成本。

(4) 行业合作：与其他内容平台建立行业共识，共享审核技术、风险数据库等，减少重复建设；参与或建立行业协会，促进行业内标准化，提高审核工具及流程的通用性和互操作性。

(5) 教育和培训：对审核人员进行系统性培训，不仅包括实际审核技能，还包括提升抗压能力和工作效率的培训；开发学习管理系统(LMS)和在线课程，支持员工持续学习，以适应快速变化的互联网环境。

3) 工作开展

(1) 建立严格的质量管理体系，采用数据驱动的方法实时监控审核质量，并及时校正偏差。

(2) 实施绩效评估与反馈机制，不断优化人员配置和流程，以提升团队效率。

通过整合上述方向、方法和具体工作开展的建议，中国的互联网内容审核行业可以更加系统和高效地推进创新与变革，从而建立起更加稳健、智能、友好的内容审核体系。

10.6 互联网内容审核的社会影响和作用

互联网内容审核在现代社会中发挥着复杂而多重的作用，对公共舆论、社会价值观乃至社会稳定都有着深远的影响。

1. 对公众舆论的影响

(1) 过滤有害内容：内容审核有助于过滤非法、色情、暴力等有害信息，这些信息若无节制地传播，会对公众情绪和行为产生负面影响，对未成年人尤其有害。

(2) 遏制假信息传播：在"假新闻"和谣言泛滥的时代，内容审核可以减少虚假或误导性信息的传播，这对维持公共讨论的质量和公民的正确知情非常关键。

(3) 平衡言论自由：内容审核在保护言论自由和防止滥用之间寻找平衡。正确的内容审查可以营造一个开放但负责任的平台，促进建设性对话。

2. 对社会价值观的塑造

(1) 推广正面价值观：内容审核可以促进积极、健康的内容传播，帮助弘扬社会主义核心价值观，抵制低俗、庸俗、媚俗之风。

(2) 文化凝聚力：通过筛除矛盾和分裂性的内容，内容审核有时候被用来增强国家或团体的文化凝聚力和社会稳定。

(3) 社会规范维护：内容审核通过限制和引导网络舆论走向，有助于维护现行的法律法规和社会规范，对社会价值观产生影响。

3. 其他社会效应

(1) 保护隐私权：有效的内容审核可以防止个人隐私的无意或恶意泄露，从而保障公民的隐私权益。

(2) 维护经济秩序：内容审核有助于打击经济领域的不正当竞争行为(如虚假广告、诽谤商誉等)，从而维护良好的经济秩序。

(3) 减少法律风险：平台通过内容审核规避违法内容带来的法律责任，同时，内容审核还可以帮助减少平台用户面临的法律风险。

4. 需要关注的考虑点

内容审核的实施也引起了一些社会热议和争论，尤其是在审查标准的制定、执行的透明度及其对言论自由的潜在限制上。以下是一些需要密切关注的考虑点。

(1) 审查标准：内容审核标准的设定应该既符合法律法规，又考虑民意接受度和文化宽容度，保持适当的灵活性以尊重多样性。

(2) 执行透明度：内容审核的过程和准则的透明公开对于建立公众的信任非常关键。这包括明确的政策、明确的申诉渠道及对审查动作的适时通报。

(3) 言论自由：如何在抑制有害内容和保护言论自由之间找到平衡是内容审核的一个挑战。过度的审查可能会抑制创新思想和不同观点的交流，降低社会思想的多元性。

互联网内容审核不仅是技术和管理问题，更是一个涉及法律、道德和文化的复杂问题。它需要政策制定者、平台运营者、社会团体和公众的共同审慎和不断对话，以实现最佳的社会效益。

参考文献

[1] 潘江铃. 客户中心行业媒体平台如何进行数字化转型[J]. 客户世界机构，2023(6).

[2] 中国互联网络信息中心. 第 52 次中国互联网络发展状况统计报告[R/OL]. (2023-08-28). https://www.cnnic.cn/n4/2023/0828/c88-10829.html.

[3] 张铁国. 福州破获一起非法控制计算机信息系统案[EB/OL]. (2023-09-16). https://news.fznews.com.cn/fzxw/20230916/8j9tB66711.shtml.

[4] 国家互联网信息办公室. 数字中国发展报告(2022 年)[R/OL]. (2023-05-23). http://www.cac.gov.cn/2023-05/22/c_1686402318492248.htm?eqid=e964285800089bd400000004646d59f6.

[5] Chujie Tian, Ruizhi Zhang, Chunhong Zhang, Xiaomeng Zhao. Intelligent Consumer Flow and Experience Analysis System Based on Cognitive Intelligence: Smart Eye System[J]. Journal of Physics: Conference Series, 2018, 1069(1).

[6] Guillaume Lample, Miguel Ballesteros, Sandeep Subramanian, Kazuya Kawakami, Chris Dyer. Neural Architectures for Named Entity Recognition[C/OL]. San Diego: Proceedings of the 2016 Conference of the North American Chapter of the Association for Computational Linguistics: Human Language Technologies, 2016[2024-06-13]. https://www.aclweb.org/anthology/N16-1030/.

[7] Yoon Kim. Convolutional Neural Networks for Sentence Classification[C/OL]. New York: arXiv, 2014[2024-06-13]. https://arxiv.org/abs/1408.5882.

[8] Ross Girshick, Jeff Donahue, Trevor Darrell, Jitendra Malik[C/OL]. Proceedings of the IEEE Conference on Computer Vision and Pattern Recognition, 2014 [2024-06-13]. https://www.cv-foundation.org/openaccess/content_cvpr_2014/html/Girshick_Rich_Feature_Hierarchies_2014_CVPR_paper.html.

[9] Rui Rui, Chang-chun Bao. Projective Non-negative Matrix Factorization with Bregman Divergence for Musical Instrument Classification [C/OL]. Hong Kong: 2012 IEEE International Conference on Signal Processing, Communication and Computing (ICSPCC 2012), 2012[2024-06-13]. https://ieeexplore.ieee.org/document/6335617.

[10] Bay, H., Ess, A., Tuytelaars, T., Van Gool, L. Speeded-up Robust Features(SURF)[J]. Computer Vision and Image Understanding, 2008, 110(3): 346-359.

[11] Zhenghua Xin, Liangyi Hu, Na Li The Species per Path Approach to

GEMGA-based Test Data Generation[C/OL]. Hang Zhou: 2011 International Conference on Multimedia Technology, 2011[2024-06-13]. https://ieeexplore.ieee.org/document/6002112/.

[12] Joseph Redmon, Santosh Divvala, Ross Girshick, Ali Farhadi. You Only Look Once: Unified, Real-Time Object Detection[C/OL]. Proceedings of the IEEE Conference on Computer Vision and Pattern Recognition (CVPR), 2016[2024-06-13]. https://openaccess.thecvf.com/content_cvpr_2016/html/Redmon_You_Only_Look_CVPR_2016_paper.html.

[13] Zhao, M., Chen, Y., Xu, H. A Survey on Video-based Emotion Recognition: Features, Databases, and Classifiers[J]. IEEE Transactions on Affective Computing, 2019, 10(3): 341-359.

[14] Wang, Z., Bovik, A. C., Sheikh, H. R., Simoncelli, E. P. Image Quality Assessment: from Error Visibility to Structural Similarity[J]. IEEE Transactions on Image Processing, 2004,13(4): 600-612.

附 录

客户中心行业媒体平台如何进行数字化转型[①]

作者：潘江铃

摘要： 进入工业 4.0 时代，社会各行各业都在寻求数字化转型。传统媒体最早受到新媒体技术的洗礼，但当下依然面临数字化转型的需求和挑战。随着数字化时代的到来，客户中心行业媒体平台也面临巨大的变革压力。传统的客户服务方式已经不能满足用户需求，数字化转型成为行业的必然选择。过去，中国企业的数字化进程停留在线上阶段，营销获客、品牌传播、产品发布等场景从线下转移到了线上；而未来，企业增长离不开全面"数智化"。谁能掌握效率更高、成本更低的数智化能力，谁就将在未来的市场竞争中占得先机。习近平总书记在多个场合指出，"数字经济具有高创新性、强渗透性、广覆盖性，不仅是新的经济增长点，而且是改造提升传统产业的支点""要推动数字经济和实体经济融合发展""发挥数字技术对经济发展的放大、叠加、倍增作用"。对于传统媒体而言，加快发展数字经济，既是改造提升传媒产业的重要手段，也是连接媒体融合、经营产业的重要纽带，更是推动构建全媒体传播体系和建设现代文化企业相融共生的重要支点。要以构建智慧政务、媒体数字化、经营产业数字化、数据产业化四大支柱为重点，全力发展数字经济，加快传统媒体数字化转型。本论文通过深入分析客户中心行业媒体平台的数字化转型过程，提出了一系列详细的执行策略和方法，以帮助行业从业者实现成功的数字化转型。

关键词： 数字化转型；转型策略；步骤和方法。

---

① 本论文于 2023 年 6 月在《客户世界机构》第一次发表。

一、引言

数字化转型是当下各行各业都在热烈讨论的话题。伴随互联网、大数据算法、AI 人工智能等技术的发展和普及，企业通过数字化的工具和运营思路，实现组织变革和创新增长成为可能。前几年人们说，所有行业都值得用互联网思维重新做一遍；而现在，"任何行业，都值得用数字化再做一遍"这句话被更多人引用。随着科技的迅猛发展和互联网的普及，客户服务行业的媒体平台正面临巨大的变革。传统的客户服务方式已经不能满足用户日益增长的需求，用户对于更高效、个性化的服务体验有着越来越高的期望。在这种背景下，数字化转型成为客户中心行业媒体平台的必然选择。

二、数字化转型的必要性和挑战

(一) 数字化转型对客户服务行业的影响

随着数字化转型的进行，客户中心行业媒体平台可以实现以下优势。

(1) 提升服务效率：通过数字化工具和技术，客户服务人员可以更快速、准确地回应用户需求，提高服务效率。

(2) 个性化服务：数字化转型使得客户数据更加容易获取和分析，从而可以为用户提供个性化的服务，优化用户体验。

(3) 实时反馈和监控：数字化转型可以实现对用户行为和反馈的实时监控，帮助企业及时调整服务策略。

(4) 跨平台服务：数字化转型可以实现多渠道、跨平台的服务交互，满足用户多样化的需求。

(二) 数字化转型面临的挑战

在数字化转型过程中，客户中心行业媒体平台也面临着一些挑战。

(1) 技术难题：数字化转型需要采用合适的技术工具和平台，但选择和部署合适的技术解决方案可能面临一定的困难。

(2) 组织变革：数字化转型涉及组织内部流程和结构的改变，可能需要调整组织文化、职责和工作流程。

(3) 数据管理和隐私保护：数字化转型需要大量的数据支持，同时需要加强对用户数据的管理和隐私保护，以避免数据泄露和滥用。

(4) 用户体验的平衡：数字化转型的目的是提供更好的用户体验，但在实施过程中需要平衡技术的引入和用户习惯的变化，确保用户能够接受和适应新的服务方式。

三、数字化转型策略

(一) 确定数字化转型的目标

在进行数字化转型之前,客户中心行业媒体平台需要明确转型的目标和愿景。目标应该与企业的长期发展战略相一致,同时考虑用户需求和市场趋势。例如,目标可以是提升用户满意度、增加用户数量、提高服务效率等。

(二) 优化内部流程和组织结构

数字化转型需要对内部流程和组织结构进行优化。首先,评估现有流程的痛点和问题,识别需要改进的环节。然后,重新设计流程,使其更加高效、灵活,并结合数字化工具进行支持。同时,也需要考虑组织结构的调整,明确各部门和岗位的职责及协作方式。

(三) 采用合适的技术工具和平台

选择合适的技术工具和平台是数字化转型的重要一步。根据企业的需求和目标,选择适合的客户服务软件、客户关系管理系统(CRM)、数据分析工具等。同时,也需要考虑技术的可持续性和扩展性,以满足未来的发展需求。

(四) 加强数据分析和智能化决策

数字化转型的关键是数据的收集和分析。客户中心行业媒体平台需要建立完善的数据管理系统,收集和整合用户行为数据、反馈数据等。通过数据分析,可以了解用户需求和行为模式,为决策提供支持。此外,也可以考虑引入人工智能和机器学习技术,实现智能化的决策和服务。

(五) 建立良好的用户体验

数字化转型的最终目标是提供良好的用户体验。客户中心行业媒体平台应注重用户界面设计、交互方式、响应速度等方面的优化。同时,也需要积极收集用户反馈和意见,不断改进和优化服务体验。

四、数字化转型的执行步骤和方法

阶段一：评估现状和制订计划

首先,客户中心行业媒体平台需要对现有的服务方式和流程进行评估。识别痛点和问题,了解现有技术和工具的使用情况。然后,制订数字化转型的详细计划,包括目标设定、时间表、资源需求等。

阶段二：培训和教育

数字化转型需要全员参与，因此培训和教育是至关重要的一步。为员工提供相关的培训和教育课程，使其了解数字化转型的意义、目标和具体实施步骤。同时，也需要引入专业顾问或培训师提供指导和支持。

阶段三：系统开发和实施

客户中心行业媒体平台需要进行系统开发和实施。根据制订的计划，开发或采购相应的技术工具和平台，并进行系统的配置和定制化，确保系统能够满足业务需求，并与现有系统和流程进行整合。

阶段四：测试和优化

在系统开发和实施完成后，客户中心行业媒体平台需要进行测试和优化。测试阶段可以通过模拟用户场景和使用情况，发现系统存在的问题和不足之处。根据测试结果，进行相应的调整和优化，确保系统的稳定性和功能完善。

阶段五：监控和改进

数字化转型并非一次性的工作，而是一个持续的过程。客户中心行业媒体平台需要建立监控机制，对数字化转型的效果进行监测和评估。根据监测结果，及时调整和改进策略，以适应市场变化和用户需求的变化。

五、案例分析

典型案例一：某客户中心行业媒体平台数字化转型实践

某客户中心行业媒体平台在数字化转型过程中，首先进行了现状评估和需求分析，明确了转型的目标和计划。然后，通过培训和教育，提高了员工的数字化意识和能力。在系统开发和实施阶段，选择了适合的技术工具和平台，进行了系统定制和整合。通过持续地测试和优化，不断改进用户体验和服务效率。最终，该媒体平台实现了数字化转型，并取得了良好的业绩和用户反馈。

典型案例二：另一客户中心行业媒体平台数字化转型实践

另一客户中心行业媒体平台在数字化转型过程中，特别注重用户体验的改善。通过优化用户界面设计、改进交互方式和加快响应速度，提升了用户满意度。同时，引入了智能化决策和数据分析工具，实现了个性化的服务和精准营销。通过不断监控和改进，该媒体平台成功地进行了数字化转型，并在竞争激烈的市场中取得了竞争优势。

六、总结与展望

本论文深入分析了客户中心行业媒体平台的数字化转型过程，并提出了详细的执行策略和方法。数字化转型对于客户中心行业媒体平台来说既是挑战，也是机遇。通过合理的目标设定、流程优化、技术工具应用、数据分析和用户体验的改善，客户中心行业媒体平台可以成功实现数字化转型，并为用户提供更好的服务体验。

　　当然，数字化转型是一个持续发展的过程，需要与时俱进，不断适应市场和技术的变化。未来的研究可以从以下方面展开：探索更加先进的技术工具和平台，如人工智能、大数据分析等；研究数字化转型对企业绩效和用户满意度的影响；探索数字化转型在不同客户服务行业的应用和实践。通过持续的研究和实践，客户中心行业媒体平台可以在数字化时代保持竞争优势，为用户提供更优质的服务。

后　记

当这本书终于完成时，我的内心充满了感慨与喜悦。回首整个编写过程，仿佛经历了一场漫长而富有挑战的旅程。

撰写本书的过程中，我们遇到了许多挑战。互联网内容审核与信息安全管理是一个复杂而多变的领域，涉及技术、法律、文化等多个方面。我们不仅要全面梳理这一领域的理论知识，还要结合实际情况进行深入分析。我们力求全面、深入、准确地呈现这一领域的各个方面，为了确保内容的准确性和权威性，我们查阅了大量的文献资料，与业内专家进行了深入的交流，并参考了国内外的优秀案例。同时，我们也积极关注最新的技术发展和法律法规变化，从而实现本书内容的与时俱进。

在这个过程中，我要特别感谢团队成员。他们与我并肩作战，共同面对困难，一起攻克难题。每一次的讨论、每一次的修改，都凝聚着我们的智慧与汗水。没有他们的支持与帮助，这本书是无法顺利完成的。

同时，我也要感谢所有为这本书提供过帮助的人。感谢业内专家的指导与建议，感谢出版社的编辑与工作人员的辛勤付出，感谢家人和朋友们的支持与鼓励。正是有了大家的帮助，这本书才能顺利呈现在读者面前。

回顾整个成书过程，我们深感艰辛，但也收获满满。我们希望通过这本书，能够为互联网行业的相关从业人员、企业管理者提供有益的参考和借鉴。同时，我们也期待更多的专家和学者能够关注这一领域，共同推动互联网内容审核与信息安全管理的发展。

当然，我们也深知这本书并非完美。由于互联网的复杂性和多变性，书中难免存在一些不足之处。我们真诚地希望广大读者能够提出宝贵的意见和建议，帮助我们不断完善和提高。

再次感谢大家的支持与帮助！愿这本书能为您带来启示与收获，也愿我们在未来的日子里，继续携手前行，共同书写行业发展的美好篇章。

编者

2024 年 5 月